DARWINISMUS

GRUNDRISS

VERTIEFUNGEN

ANHANG

DIE WISSENSCHAFTEN VOM LEBEN VOR DARWIN

Auch in der Wissenschaftsgeschichte ist die Zeit der Helden vorüber. Galileo Galilei, Isaac Newton oder Charles Darwin werden heute weniger als Gestalten gesehen, welche die Wissenschaft der Zukunft genial vorausahnten und darauf hinarbeiteten, sondern die wie ihre Zeitgenossen in zeit- und ortsbedingte Kulturen des Wissens eingebettet waren. Allerdings machten diese Wissenschaftler einen derart ungewöhnlich kreativen Gebrauch von den ihnen zur Verfügung stehenden Möglichkeiten, befragten die Gültigkeit tradierten Wissens und verwarfen es wenn notwendig, so dass die Wissenschaft in der Folge völlig neue Wege zu beschreiten vermochte. Meist waren solche Umwälzungen auch keine reinen Einzelleistungen, sondern wurden begleitet von einer Vielzahl von wissenschaftlichen und gesellschaftlichen Prozessen des Wandels.

Das Denken dieser bahnbrechenden Personen hatte meist tiefe Wurzeln in den Wissenstraditionen der Zeit. Und im Falle Darwin befanden sich alle diese Traditionen keineswegs in einer derartig tiefen und dauerhaften Krise, dass sie nur darauf warten mussten, 1859 von der Theorie des Artenwandels endgültig hinweggefegt zu werden. Die Wandelbarkeit der Arten widersprach den vorherrschenden biologischen Theorien, doch der Widerstand gegen die Möglichkeit des Artenwandels konnte sich häufig auf respektable Argumente berufen und war nicht ausschließlich von religiösen Interessen geleitet – das Verhältnis von **Wissenschaft und Religion im 19. Jahrhundert** ist weitaus komplexer als gemeinhin angenommen wird. Wichtige Probleme, die auch heute noch nichts von ihrer Bedeutung eingebüßt haben, wurden in zum Teil heftigen Debatten identifiziert und mit unterschiedlichsten Lösungen behandelt. Darwin stand vor

S. 82

einer Reihe von Problemen, auf die er eine Antwort geben musste. Wie entstehen Anpassungen – wie ist zu erklären, dass Körperbau und Verhaltensweisen von Lebewesen und Anforderungen der Umwelt oft perfekt aufeinander abgestimmt erscheinen? Wie sind oft überraschende Ähnlichkeiten im Körperbau verschiedener Organismen zu erklären, die nicht einfach als parallele Anpassungen an ähnliche Lebensweisen gedeutet werden können? Wie kann es sein, dass die Knochen des Kiemendeckels von Fischen den schallübertragenden Knochen des Innenohres beim Menschen entsprechen? Und immer wieder tauchte die Frage auf, ob Arten nicht doch etwa wandelbar sind.

Das Denken in der Biologie im Hinblick auf diese Fragen wurde vor dem Auftritt Charles Darwins vom Konzept der Teleologie, der Ziel- und Zweckhaftigkeit des Lebens und der Natur bestimmt. Biologische Vorgänge, Körperstrukturen und Verhaltensweisen sind demnach erklärbar, wenn ein Ziel oder Zweck angegeben werden kann: Eine Flosse ist zum Schwimmen, ein Auge zum Sehen da, und der Nestbau eines Vogels dient der Fortpflanzung. Dieses teleologische Denken kam in zwei Spielarten vor, die nur recht wenig miteinander zu tun hatten, aber in manchen Theorien dennoch miteinander verbunden sein konnten. Auf der einen Seite steht die »äußere« Teleologie: Die Ziele und Zwecke des Lebens können von einem gestaltenden Bewusstsein festgelegt werden. So bestimmte beispielsweise ein wohltätiger Gott bei der Schöpfung des Lebens für jede Art einen Lebensraum und eine Lebensweise und stattete die Organismen mit dem bestmöglichen Körperbau für diese Lebensbedingungen aus. Auf der anderen Seite steht die »innere« Teleologie, die sich nicht auf einen allwissenden, göttlichen Gestalter beruft. Die Zweckhaftigkeit der Natur wird als ein erklärendes Prinzip verstanden. Um beispielsweise die Rolle eines Pflanzensamens oder eines Vogeleies im Lebenszyklus der Art zu verstehen, muss der erwachsene Organismus – das Ziel und der Zweck der Individualentwicklung – in Betracht gezogen werden. In diesem Denken geht es schwerpunktmäßig um die wechselseitige Abhängigkeit und Integration biologischer Vorgänge. In Anlehnung an die Philosophie Immanuel Kants geht es aber auch um die Fähigkeit des Menschen, Vorgänge in der belebten Natur verstehen zu können. Welche Prinzipien des Verstehens sind den wahrgenommenen Erscheinungen vom verstehenden Geist aufgeprägt? Bei der äußeren Teleologie sind weder die in der Welt wirksamen Ursachen noch die Erkenntnisfähigkeit des Menschen ein ernstes Problem – Gott gestaltete die Natur, und mit ein wenig Mühe kann der Mensch die Ziele und Zwecke erkennen. In der Philosophie Immanuel Kants spielt hingegen das erkennende Subjekt eine zentrale Rolle und wird problematisiert – selbst wenn in der belebten Natur nur physikalische und chemische Ursachen wirken, so muss die Urteilskraft des Menschen doch immer davon ausgehen, dass Lebewesen zweckmäßig organisiert sind.

Die Naturtheologie und der Funktionalismus

In Großbritannien spielte seit dem 17. Jahrhundert die Naturtheologie eine bedeutende Rolle bei der Deutung natürlicher Erscheinungen, zunächst vor allem in der Astronomie. Vertreter dieser Theologie versuchten Beweise für die Existenz eines wohlwollenden und gestaltenden Gottes zu finden, indem sie das von Gott verfasste Buch der Natur lasen und sich nicht nur auf die Offenbarungen der Bibel stützen wollten. Diese wissenschaftlich begründete Religion sollte allen Menschen zugänglich sein und die alten Spaltungen innerhalb des Christentums überwinden helfen. Der schottische Philosoph David Hume zeigte bereits im frühen 18. Jahrhundert, dass die Naturtheologie sich auf zweifelhafte Argumente gründete, doch fand diese skeptische Einstellung nie viele Anhänger. Weitaus schädlicher für die Naturtheologie war die wachsende Fähigkeit der Physik, astronomische Erscheinungen auf das Wirken unpersönlicher Gesetze zurückzuführen, die die Annahme eines gestaltenden Eingreifens Gottes immer weniger notwendig machten. An der Wende zum 19. Jahrhundert erlebte die Naturtheologie aber einen neuen Höhepunkt, indem sie ihre Aufmerksamkeit weniger auf die Astronomie und mehr auf die belebte Natur richtete. Berühmt ist der Vergleich, mit dem William Paley (1743–1805) sein einflussreiches Werk *Natural Theology* (1802) einleitete. Genau wie eine Uhr mit ihrem komplizierten, zweckgebundenen Mechanismus auf das Wirken eines Uhrmachers hinweist, so muss auch beispielsweise die Betrachtung eines Auges zu dem Schluss führen, dass ein Gestalter am Werke war. Anpassungen von Organismen an ihre Lebensweise und Funktionen von Körperteilen standen im Mittelpunkt dieses Denkens. Artenwandel war für Naturtheologen eine Unmöglichkeit, da Zwischenformen weder für die eine noch die andere Lebensweise optimal angepasst wären. Paleys Naturtheologie war in Großbritannien ungemein einflussreich. Darwin lernte Paleys *Natural Theology* während seiner Studienzeit in Cambridge kennen, wo sie bis in die zwanziger Jahre des 20. Jahrhunderts Pflichtlektüre war. Diese Version der Naturtheologie sah sich aber immer wieder zum Teil heftiger Kritik ausgesetzt. Konnten imperfekte Menschen wirklich die Absichten Gottes erkennen? Warum herrscht so viel Grausamkeit in der Natur, wenn Gott doch so wohlwollend und gütig ist?

Wissenschaftlich respektabler war die so genannte »neoklassische« Biologie, die sich auf die biologischen Schriften des Aristoteles berufen konnte. Aristoteles unterschied vier Ursachen, die bei einer Erklärung zum Zuge kommen müssen: Form-, Material-, Bewegungs- und Zweckursache. Er erläuterte die vier Ursachen am Beispiel eines Bildhauers. Die Idee einer Skulptur ist die Formursache, der Marmor ist die Materialursache, die Tätigkeit des Bildhauers ist die Bewegungsursache und die Absicht, mit der Skulptur einen Tempel zu schmücken, ist die Zweckursache. In der Biologie betonte dieses Denken vor allem die funktionelle Integration von Organismen: Genutzte Materialien und Zwecke waren nicht voneinander trennbar. Zwecke waren bei Aristoteles nicht von außen vorgegeben, sondern ergaben sich aus dem Lebenszyklus des Organismus und den daraus folgenden Ansprüchen. Knochen müssen ein Wirbeltier stützen, und daher müssen sie aus festem Material sein. Ein Pflanzenfresser benötigt ein anderes Verdauungssystem als ein Fleischfresser. Die Biologie des 18. und 19. Jahrhunderts, die sich auf aristotelische Ideen stützte, wird oft als »Funktionalismus«

Georges Cuvier (1769–1832), Stich von 1826

bezeichnet. Das Wirken eines Schöpfergottes war jedoch mit diesem Denkgebäude durchaus vereinbar. Gott konnte einem Organismus eine Lebensweise, zum Beispiel ein Leben als Raubtier, zuweisen und diese Lebensweise führt dann dazu, dass der Aufbau eines Organismus von damit gesetzten »inneren Zwecken« bestimmt wird. Um als Räuber erfolgreich zu sein, muss das Tier schnell sein, den Verdauungsapparat eines Fleischfressers haben und so weiter. Organe sind an Organismen angepasst und Organismen sind an die Umwelt angepasst.

Der bedeutendste und einflussreichste Vertreter des kontinentaleuropäischen Funktionalismus war der französische Anatom Georges Cuvier (1769–1832). Cuvier führte die funktionelle Anatomie zur Perfektion: Die Funktion eines Körperteiles bestimmte seine Struktur und aus der Struktur eines Körperteiles ließ sich umgekehrt die Funktion eindeutig bestimmen. Cuvier beeindruckte die Öffentlichkeit mit der Rekonstruktion ausgestorbener Wirbeltiere. Angeblich konnte er aus nur wenigen Knochen die Lebensweise bestimmen und dann den gesamten Organismus rekonstruieren. Aristoteles hatte neun Gruppen von Lebewesen identifiziert, die ähnliche Lebensweisen teilten und daher einen ähnlichen Körperbau aufwiesen. Cuvier identifizierte hingegen nur vier Zweige, die so genannten »embranchements«: Wirbeltiere, Weichtiere, Gliedertiere und Radiata. Dies zeigt, dass Cuvier Gemeinsamkeiten zwischen verschiedenen Organismen erkannte, doch führte er diese Ähnlichkeiten nicht auf eine historische Verwandtschaft, sondern auf ähnliche Lebensbedingungen zurück.

Archetypen und Rekapitulation

Die Naturtheologie und das funktionalistische Denken waren in der ersten Hälfte des 19. Jahrhunderts in Großbritannien fest verankert. Die Universitäten in Oxford und Cambridge – andere Universitäten auf der Britischen Insel gab es bis 1827 nur in Schottland – und die Staatskirche setzten alles daran, die Vorherrschaft dieser Denkweisen zu sichern. Ein Grund für diesen Eifer war nicht zuletzt die politisch stabilisierende Wirkung dieser Lehren, die Rechtfertigungen für eine hierarchisch aufgebaute Gesellschaft bieten konnte. Doch trotz dieser Anstrengungen wurde in den dreißiger und vierziger Jahren des 19. Jahrhunderts dieses Denken immer stärker herausgefordert und unterminiert. Diese Herausforderungen wurden von Wissenschaftlern vorgebracht, die wissenschaftliche Strömungen aus Frankreich und den deutschsprachigen Ländern aufnahmen. Eine dieser »Irrlehren« – so mussten sie aus der Sicht des konservativen britischen Establishments bezeichnet werden – war der Lamarckismus. Aus Deutschland stammten Theorien, die weniger revolutionär und bedrohlich als der Lamarckismus waren. Sie waren aber ebenfalls nicht mit dem Funktionalismus vereinbar und konnten außerdem noch eine gute empirische Absicherung vorweisen. Die Vertre-

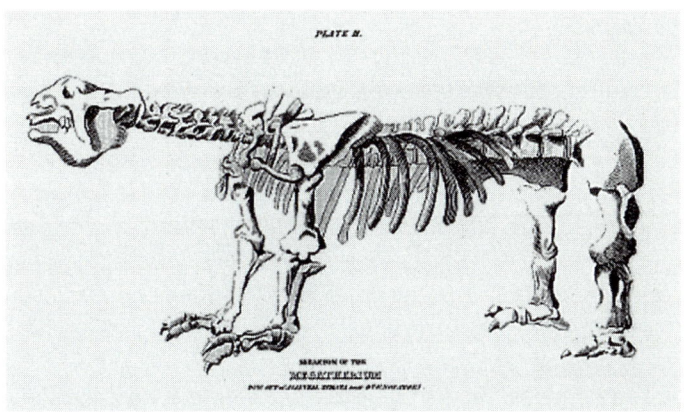

Cuviers Rekonstruktion eines südamerikanischen Riesenfossils, des von ihm so genannten *Megatheriums*.

ter dieser Denkschulen erkannten wie Cuvier auch anatomische Gemeinsamkeiten zwischen Organismengruppen. Diese Gemeinsamkeiten ließen sich jedoch in ihren Augen nicht als Anpassungen an die Anforderungen einer bestimmten Lebensweise deuten. So identifizierte Johann Wolfgang von Goethe 1787 eine »Urpflanze«. Diese Pflanze repräsentierte einen »Plan«, nach dem alle Pflanzen, unabhängig von ihrer Lebensweise, aufgebaut sind. Die Untersuchung der Individualentwicklung erwies sich als eine wichtige Quelle für Ähnlichkeiten, die nicht als Anpassungen gedeutet werden konnten – alle Wirbeltiere beispielsweise durchlaufen, ob nun Wasser- oder Landbewohner, ein Embryonalstadium mit Kiemenspalten.

Am Ende des 18. Jahrhunderts wuchs die Unzufriedenheit mit den Methoden und Zielen der Naturgeschichte: Die Beschreibung von Lebewesen und ihre Einordnung in ein statisches System, so wie es beispielsweise von Carl von Linné praktiziert wurde, galt nicht mehr als wissenschaftlich. Genau wie in der Physik mit ihren Newton'schen Gesetzen, sollte auch die Biologie die Identifikation solcher Gesetzmäßigkeiten anstreben. Das Bestreben, solche Gesetze zu finden, war besonders in der so genannten »Göttinger Schule« ausgeprägt. Johann Friedrich Blumenbach (1752–1840), Carl Friedrich Kielmeyer (1765–1844) und Johann Christian Reil (1759–1813) waren die wichtigsten Vertreter dieser Schule. Diese Göttinger Gelehrten sahen in der Individualentwicklung und in der Abfolge der Organisationsformen im Tierreich Kräfte am Werk, die deterministischen, zweckgerichteten Gesetzen gehorchen. Newton konnte auch nicht sagen, was die Gravitationskraft eigentlich ist, daher fühlten sich Blumenbach, Kielmeyer und Reil auch nicht verpflichtet, die genaue Natur dieser organischen Kräfte anzugeben. Blumenbach nannte die den morphologischen Wandel verursachende Kraft den ›Bildungstrieb‹, Kielmeyer und Reil sprachen von ›Reproductions-‹ oder ›Lebenskraft‹. Diese Wissenschaftler benötigten nicht den gestaltenden Gott der Naturtheologie, sondern sie waren überzeugt davon, dass die Gesetze der organischen Natur Tiere und Pflanzen formen. Aus dieser Denkrichtung erwuchs auch die Idee der Rekapitulation, die erstmals von Carl Friedrich Kielmeyer formuliert wurde. Das Konzept der Rekapitulation besagt, dass in den embryonalen Stadien eines Individuums einige Charakteristika von Tieren niedrigerer Organisationsformen auftauchen.

Eine Erklärung für das parallele Auftauchen von Merkmalen und Fähigkeiten in der Individualentwicklung, den Organisationsformen der jetzt existierenden Lebewesen und in der Geschichte des Lebens auf der Erde fand Kielmeyer in vermuteten organischen Kräften, die in allen drei Entwicklungsreihen wirkten. Kielmeyer identifizierte fünf nacheinander auftretende Kräfte, die Organismen mit ebenso vielen Fähigkeiten ausstatteten: zunächst die Fähigkeit der Reproduktion, dann Irritabilität, Sekretion und Bewegungsfähigkeit und letztendlich die Sinneswahrnehmung. Das früheste Stadium der Individualentwicklung, die einfachste jetzt existierende Lebensform und die erste Lebensform in der Geschichte der Erde haben beispielsweise nur die Fähigkeit, sich durch Teilung zu vermehren, als Nächstes folgt die Fähigkeit, auf einfache Reize zu reagieren und so weiter.

Kielmeyer machte keine Aussagen darüber, ob Embryonalstadien tatsächlich existierenden Arten entsprachen – ein Säugetierembryo mit Kiemenspalten entspricht also nicht unbedingt einer existierenden oder ausgestorbenen Fischart –, sondern er betonte ausdrücklich nur, dass die Embryonalentwicklung und die Organisation des Tierreiches von den gleichen, gesetzmäßig wirkenden Kräften bestimmt wurden. Johann Friedrich Meckel (1781–1833) und Lorenz Oken (1779–1851) arbeiteten das Konzept der Rekapitulation weiter aus und zeigten, wie verschiedene Körperstrukturen während der Individualentwicklung und in der Hierarchie des Lebens nach und nach auftreten: so entwickelt beispielsweise der menschliche Embryo irgendwann ein Herz mit drei Kammern aus einem zweikammrigen Vorläufer, im Tierreich geschieht dieser Schritt beim Übergang von den Fischen zu den Reptilien. Oken war einer der wichtigsten Vertreter der romantischen Naturphilosophie, die weitaus spekulativer war als das vom nüchternen Immanuel Kant geprägte Denken der Göttinger Schule. Die Naturphilosophen gingen davon aus, dass die Embryonalentwicklung und die Organisationsformen des Lebens das Abbild eines idealen Planes waren. Die Natur konnte diesen Plan in unterschiedlichen Ausmaßen variieren, aber überall bleibt er im Prinzip sichtbar. Dieser Plan manifestierte sich in den tief reichenden Ähnlichkeiten zwischen Lebewesen, die manchmal nur während der Individualentwicklung, manchmal aber auch im erwachsenen Organismus auffindbar waren. Für Oken gab es in der Zoologie nichts, was in der höchsten Lebensform, dem Menschen, nicht reflektiert wurde. Dieses Entwicklungsdenken wurde von Karl Ernst von Baer (1792–1876) einer harschen Kritik unterzogen. Von Baer schloss aus seinen Studien am Hühnerembryo, dass die Entwicklung vom undifferenzierten, homogenen Embryo zu spezialisierten, heterogenen späteren Stadien verlief. Ein entwickelndes Huhn zeigte zuerst

Richard Owen (1804–1892),
Lithographie von 1850

die Merkmale eines Wirbeltieres, dann die Merkmale der Vögel, danach die Merkmale der Gattung der Hühner und erst dann die artspezifischen Merkmale. Wie Cuvier ordnete von Baer Tiere in vier großen Gruppen, und nicht in eine Linie aufsteigender Komplexität an. Jede dieser Gruppen gehorchte einem eigenen Bauplan.

Die Morphologie und Anatomie kontinentaleuropäischer Prägung fand in Großbritannien in Richard Owen (1804–1892) einen gelehrigen und ungemein talentierten Schüler. Owen war zunächst dem Funktionalismus Cuviers verbunden, löste sich später aber von dieser Lehre. Viele der Ähnlichkeiten zwischen Lebewesen waren einfach nicht als Anpassungen deutbar. Warum sollten die Flosse eines Delphins und der grabende Arm eines Maulwurfes die gleichen Knochenelemente aufweisen? Owens bedeutendste Leistungen waren die Einführung der Begriffe »Homologie« und »Analogie« sowie die Rekonstruktion eines Archetypus für die Wirbeltiere. Homolog sind Organe gleichen Aufbaus, die jedoch verschiedene Funktionen wahrnehmen. Die Brustflosse eines Delphins und die Vorderextremität eines Maulwurfes sind homolog. Analog sind Organe, die keine Strukturelemente gemeinsam haben, aber identischen Zwecken dienen. Die Flügel eines Schmetterlings und ein Vogelflügel sind analog. Richard Owen deutete homologe Organe nicht als Hinweis auf eine gemeinsame Abstammung, sondern als Ausarbeitungen eines überzeitlichen, grundlegenden »Planes«, des Archetypus.

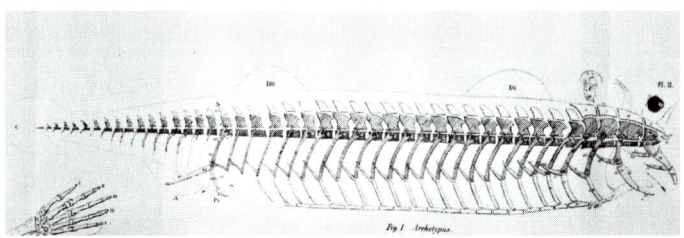

Richard Owens Archetypus der Wirbeltiere aus seinem Buch *On the archetype and homologies of the vertebrate skeleton*, London 1848

Die romantische Naturphilosophie, die Idee der Rekapitulation und die idealistische Morphologie mit ihren Bauplänen erscheinen aus der heutigen Perspektive wie Denkgebäude, die fast notwendigerweise zu Ideen des Artenwandels und historischer Abstammung führen mussten. Doch die Vorstellung der Unwandelbarkeit der Arten war zu dieser Zeit so fest verankert, dass nur wenige Autoren wagten, die Wandelbarkeit von Arten ernsthaft vorzuschlagen.

Theorien des Artenwandels

Radikale Theorien zur Wandelbarkeit der Arten wurden von zwei Franzosen vorgeschlagen: Jean-Baptiste Lamarck (1744–1829) und dem heute fast vergessenen Etienne Geoffroy St. Hilaire (1772–1844). Lamarck schuf ein durch und durch dynamisches biologisches Weltbild. Einfache Lebensformen entstanden beständig und spontan aus unbelebter Materie. Lamarck erklärte, wie diese Lebensformen immer komplexer wurden, mit dem folgenden Mechanismus: Organismen passen ihr Verhalten an Veränderungen in der Umwelt und ihrem inneren Milieu an. Wenn Bedarf an einem neuen Organ entsteht, werden durch diesen Bedarf und die Bewegungen »unwägbarer« Flüssigkeiten, die durch neues Verhalten ausgelöst werden, neue Gewebe geschaffen. Der beständige Gebrauch führt zu einem

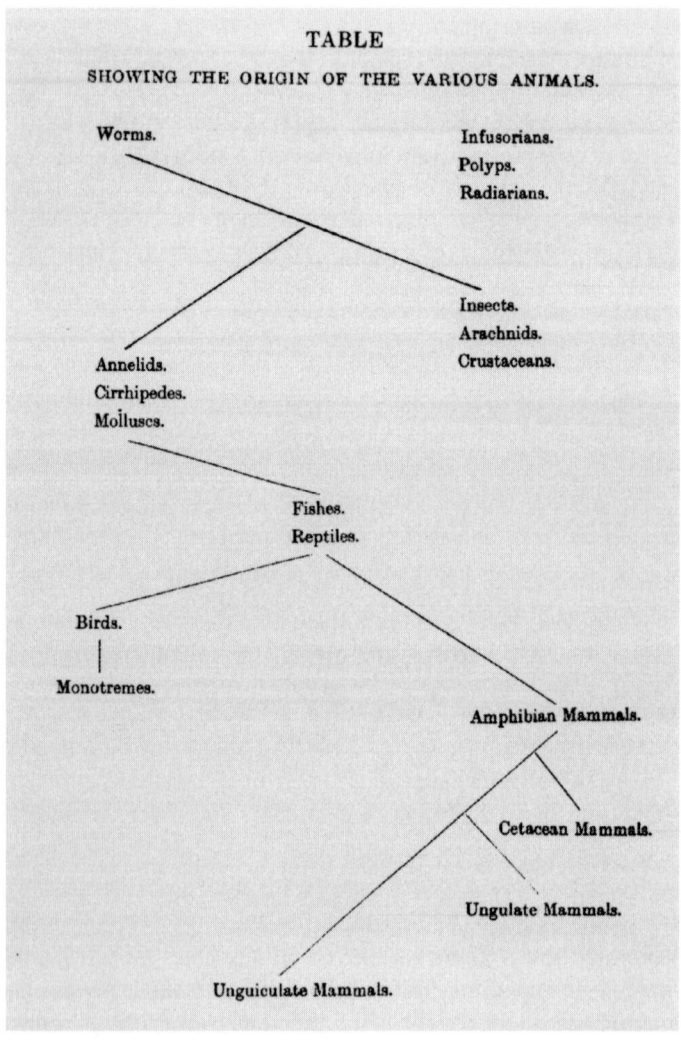

TABLE

SHOWING THE ORIGIN OF THE VARIOUS ANIMALS.

Worms.

Infusorians.
Polyps.
Radiarians.

Insects.
Arachnids.
Crustaceans.

Annelids.
Cirrhipedes.
Molluscs.

Fishes.
Reptiles.

Birds.

Monotremes.

Amphibian Mammals.

Cetacean Mammals.

Ungulate Mammals.

Unguiculate Mammals.

Lamarcks Darstellung der Abstammungsverhältnisse aus seiner *Philosophie zoologique* aus dem Jahr 1809 immer stärkeren Wachstum und einer immer weitergehenden Entwicklung des neuen Organs. Solche neu erworbenen Organe werden dann an Nachkommen weitervererbt. Die Entwicklung in der Natur verläuft also vom einfachsten Lebewesen zu immer komplexeren Formen. Anders als später Darwin glaubte Lamarck nicht, dass alles Leben auf einen einzigen Ausgangspunkt zurückgeführt werden kann. Verschiedene einfache Le-

Etienne Geoffroy St. Hilaire (1772 – 1844)

bensformen waren vorstellbar, die jeweils zu einer eigenen Entwicklungsreihe führen. Der Ursprung des Lebens liegt auch nicht weit in der Vergangenheit, sondern die Entstehung von Leben aus unbelebter Materie geschieht auch in der Gegenwart. Der Lamarckismus war eine biologische Theorie mit weitreichenden politischen Implikationen. Organismen konnten durch eigene Anstrengungen in der Hierarchie des Lebens nach oben steigen. Der Lamarckismus konnte offensichtlich dazu motivieren, auch Menschen soziale Mobilität zuzugestehen. Diese Theorie fand ihren Weg auch nach Großbritannien, so beispielsweise über Robert Grant (1793–1874), der in Edinburgh Darwin während dessen Studienzeit dort in die Meeresbiologie einführte. Doch außerhalb Frankreichs wurde der Lamarckismus oft nur in Verbindung mit der Lehre eines anderen französischen Naturkundlers wahrgenommen.

Etienne Geoffroy St. Hilaire war wie Cuvier und Lamarck am berühmten Pariser Museum für Naturgeschichte tätig. Cuvier übte wissenschaftlich und politisch eine fast unbeschränkte Macht aus, aber dies hinderte Geoffroy nicht daran, den großen funktionalistischen Anatomen Cuvier mit Ideen zum Artenwandel herauszufordern. Die »Einheit des Aufbaues« der Tiere wurde zum zentralen Baustein von Geoffroys so genannter philosophischer Anatomie. Geoffroy entdeckte, dass die Kiemenknochen von Fischen beim Menschen schallübertragenden Knochen des Innenohrs entsprechen. Fische und Menschen waren daher nach einem einheitlichen Plan gebaut, der in immer neuen Abwandlungen auftauchen konnte. Zunächst respektierte Geoffroy die Grenzen zwischen den »embranchements« Cuviers, doch später glaubte er mehr und mehr Ähnlichkeiten zwischen diesen großen Gruppen zu finden. So argumentierte er zum Beispiel, dass Wirbeltiere umgedrehte Würmer sind. Der Regenwurm hat zum Beispiel sein Nervensystem auf der Bauchseite und den Darm auf der Rückenseite. Bei Wirbeltieren ist dies umgekehrt. Eine Umwandlung eines Wurmbauplanes in einen Wirbeltierbauplan war also durch eine bestimmte Klasse von transformierenden »Eingriffen« möglich. Am Ende der zwanziger Jahre des 19. Jahrhunderts hatte sich Geoffroy endgültig von der Möglichkeit des Artenwandels überzeugt und setzte sogar auf eine gemeinsame Abstammung aller Tiere. Als Mechanismus des Wandels stellte sich Geoffroy Änderungen in der Embryonalentwicklung vor, die in einem großen Schritt zu einem neuen Bauplan führen. Geoffroy war kein Idealist, sondern ein Materialist. Der Archetyp, der Bauplan, einer Gruppe war nicht eine immaterielle Idee im Geiste Gottes, sondern der Ausdruck des Wirkens von grundlegenden Gesetzen, die der Materie Beschränkungen auferlegten: Wenn beispielsweise eine anatomische Struktur größer wird, dann muss irgendeine andere kleiner werden, um das »Gleichgewicht« des Bauplanes zu gewährleisten. Dieses und andere Gesetze bestimmten die Struktur von Organismen und nicht ihre Auseinandersetzung mit der Umwelt.

Geoffroys Denken und der Lamarckismus galten außerhalb Frankreichs als gefährliche Ideologien, welche zum revolutionären Umsturz hierarchisch organisierter, konservativer Gesellschaften motivieren konnten. Die Idee des Artenwandels hatte eine beträchtliche politische Bedeutung, der Charles Darwin nicht aus dem Weg gehen konnte. Nachdem Darwin selbst von der Tatsache des Wandels überzeugt war, musste er Wege finden, diese Idee respektabel für das liberal-konservative wissenschaftliche Establishment Großbritanniens zu machen. Die Idee des Artenwandels war auch schon von Briten vorgebracht worden – doch es waren immer Außenseiter, die noch weniger respektabel als Lamarck und Geoffroy waren. Charles Darwins Großvater Erasmus hatte in seinem Werk *Zoonomia* (1794) den Artenwandel erwähnt, und 1844 erregte ein anonymer Bestseller, die *Vestiges of Creation*, einen Skandal in Großbritannien, da der Autor vorschlug, der Mensch stamme von niederen Lebensformen ab. Die feindseligen Reaktionen auf diese Werke musste Darwin berücksichtigen.

DARWINS DARWINISMUS

Nur wenig in Darwins Jugend ließ erwarten, dass er in der Zukunft das gesamte tradierte Weltbild in Frage stellen würde. Charles Robert Darwin wurde am 12. Februar 1809 im mittelenglischen Shrewsbury in der Grafschaft Shropshire geboren. Er war das fünfte Kind und der zweite Sohn von Robert Waring Darwin, einem wohlhabenden Arzt, welcher der Religion skeptisch gegenüberstand und einen liberalen politischen Standpunkt vertrat. Seine Mutter war Susannah Wedgwood, eine überzeugte Unitarierin und Tochter von Josiah Wedgwood, dem Besitzer der erfolgreichen Porzellanmanufaktur. Sein Großvater väterlicherseits war der schon erwähnte Erasmus Darwin. Darwins Mutter starb, als er acht Jahre alt war, und von diesem Zeitpunkt an besuchte er das Internat in Shrewsbury. Im Alter von 16 Jahren versuchte Charles Darwin sich an einem Medizinstudium an der Universität im schottischen Edinburgh, widmete sich

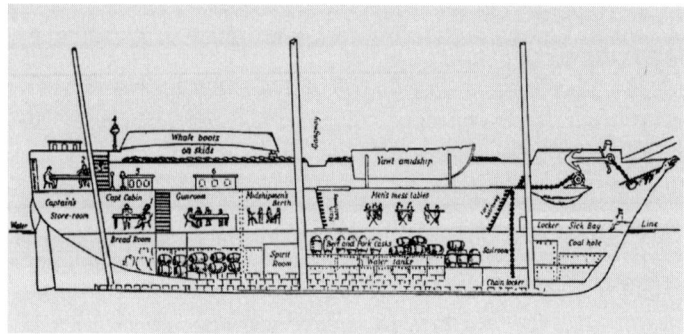

Längsschnitt durch die Beagle

aber vor allem dem Studium der Naturgeschichte. Schließlich wechselte Darwin an die Universität Cambridge, deren Ausbildung in Theologie und den klassischen Sprachen auf ein wenig ereignisreiches Leben als Landgeistlicher vorbereitete. Doch soweit sollte es für Darwin nie kommen.

Als er im Sommer 1831 sein Studium abschloss, begleitete er zunächst den Geologieprofessor Adam Sedgwick (1785–1873) auf eine Exkursion nach Wales. Als er zurückkehrte, erhielt er überraschenderweise eine Einladung, Kapitän Robert FitzRoy an Bord der Beagle bei einer Vermessungsreise um die Welt zu begleiten. Darwins Freund und Mentor John Stevens Henslow, Mineralogie- und Botanikprofessor in Cambridge, hatte ihm diese Position besorgt. Robert Darwin war nicht begeistert von diesen Plänen, da er befürchtete, sein Sohn würde sich zu einem faulen Tunichtgut entwickeln, doch Josiah Wedgwood Jr., ein Bruder Susannahs, setzte sich für Charles ein und vermochte Roberts Widerstand zu überwinden.

Charles Darwin bereitete sich eingehend auf die bevorstehende Reise vor. Er besuchte Naturkundler im Britischen Museum, kaufte Ausrüstungsmaterial und ließ sich von dem Botaniker Robert Brown im Gebrauch der neuesten und leistungsfähigsten Mikroskope ein-

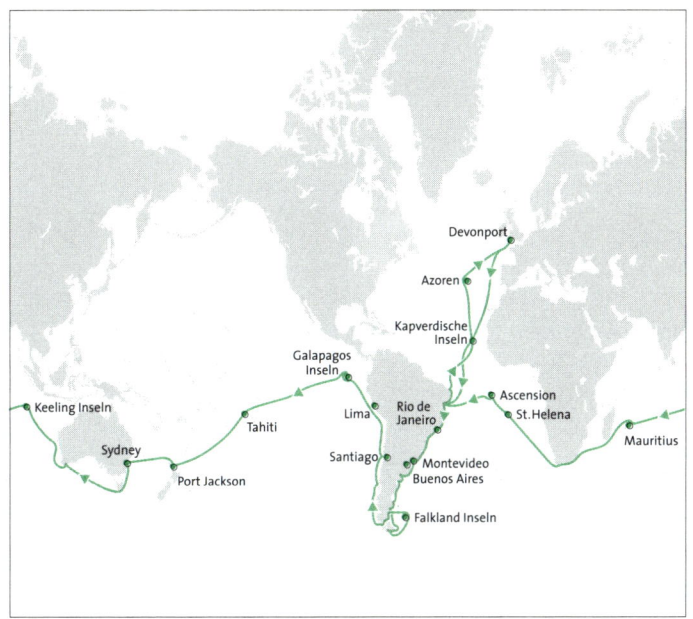

Die Reiseroute der Beagle in den Jahren 1831 bis 1836

üben. Nach vielen Problemen und Verspätungen verließ die Beagle schließlich am 27. Dezember 1831 Großbritannien. Die Reise bot Darwin einzigartige Gelegenheiten, wissenschaftliche Beobachtungen zu machen, Tiere und Pflanzen zu sammeln und einige der eindrucksvollsten und schönsten Gebiete der Erde zu besuchen.

Die Beagle war schon 1826–1830 auf einer Vermessungsreise in den Gewässern um Südamerika gewesen. Diese zweite Reise sollte die Vermessungen von Feuerland und Südchile vervollständigen. Das Schiff besuchte außerdem die Kapverdischen Inseln, Brasilien, die Falklandinseln, Galapagos, Tahiti, Neuseeland, Australien, Tasmanien, die Kokosinseln, Südafrika, Ascension und St. Helena. Während der Landbesuche sammelte Darwin Pflanzen, Tiere und Fossilien und schickte sie zur Identifikation zurück nach England. Darwin widmete sich auch der Geologie und nutzte Charles Lyells neue und radikale *Principles of Geology* als einen Ausgangspunkt seiner Deutungen. Im Laufe der Reise beschloss Darwin, seinen Plan aufzugeben, ein Geistlicher zu werden, und fand genug Selbstvertrauen, nach seiner Rückkehr einen Platz in der wissenschaftlichen Elite Londons finden zu können. Bis zum Ende der Weltumsegelung erlaubte er sich nur leiseste Zweifel an der Unwandelbarkeit der Arten. Selbst sein Besuch auf den Galapagosinseln im Jahr 1835 führte zu keiner augenblicklichen Konversion zum Transformisten. Erst nach seiner Rückkehr im Winter 1836 begannen die ersten Zweifel an der Stabilität der Arten immer stärker zu werden.

Darwin im Umfeld britischer Wissenschaftskultur

Um Darwins Entwicklung von einem Kreationisten zum Zweifler an der Unwandelbarkeit der Arten verstehen zu können, ist es zunächst notwendig zu rekonstruieren, in welcher Wissenschaftskultur Darwins Denken sich entwickelte. Darwin erhielt nie eine formelle Ausbildung als Wissenschaftler. Die Professionalisierung der Wissenschaft hatte noch nicht begonnen und nur wohlhabende Gentlemen konnten sich dem Studium der Naturgeschichte widmen. Der Begriff »scientist« wurde erst in den dreißiger Jahren des 19. Jahrhunderts in die englische Sprache eingeführt. Aber all dies bedeutete nicht, dass völlige Inkompetenz in der Biologie und Geologie herrschte. In Edinburgh und Cambridge lernte Darwin persönlich und durch seine Lektüre eine Reihe von Gelehrten kennen, die an der vordersten Front der Naturforschung mitwirkten oder zumindest die neuesten Entwicklungen in Großbritannien und auf dem Kontinent aufmerksam verfolgten. Robert Grant in Edinburgh lehrte ihn die Bedeutung der geschlechtlichen Fortpflanzung im Tierreich, bei Adam Sedgwick lernte er praktische geologische Feldarbeit und John Stevens Henslows Botanikvorlesungen beschäftigten sich mit neuesten kontinentaleuropäischen Forschungen zur Pflanzenphysiologie.

Im Großbritannien des 19. Jahrhunderts waren jedoch die Politik der Macht und die Politik des Wissens nicht zu trennen. Konservative Wissenschaftler und ihre politischen Freunde fanden Unterstützung bei William Whewell (1794–1866), der in seinen Schriften das teleologische Denken, das Wandel in Natur und Gesellschaft als unmöglich betrachtete, mit den rasanten Entwicklungen in den Wissenschaften in Einklang zu bringen versuchte. Im Gegensatz dazu fand die aufstrebende liberale Mittelschicht, zu der die Darwins und Wedgwoods gehörten, im radikalen Newtonianismus ein Modell für Gesellschaft und Wissenschaft. Dieses von Isaac Newton inspirierte Denken sah in Gott einen vernunftgeleiteten Gesetzgeber, der nicht willkürlich mit Wundern, Katastrophen und anderen Einzelereignissen in seine geordnete Schöpfung eingriff. Die Erde, die Natur und auch Gesellschaften waren im Gleichgewicht befindliche Systeme, in denen nur langsamer, Gesetzen gehorchender Wandel in kleinen Schritten möglich war. In der Politik bedeutete dies eine Ablehnung der Privilegien von Kirche und Adel und eine Anerkennung selbstorganisierender Marktkräfte.

Unter den Naturwissenschaften fand sich in der Geologie dieser Newtonianismus am radikalsten ausformuliert. Für Naturtheologen wie Paley stellte die Geologie kein Problem dar. Die Erde war völlig stabil und bot sich nie ändernde Lebensräume. Daher konnte Gott jeden Organismus perfekt an seine Lebensbedingungen anpassen. Das Aussterben von Lebensformen war eine Unmöglichkeit. Andere Naturtheologen erkannten jedoch an, dass die Erde sich beständig änderte. Der Schotte James Hutton (1726–1797) entwarf ein System, das geologischen Wandel und die Stabilität der Lebensbedingungen miteinander vereinbarte. Regen, Frost und andere Wetterfaktoren erodieren langsam und gleichförmig die Landmassen. Die Sedimente werden ins Meer gespült, wo sie sich am Boden sammeln und anhäufen. Das Gewicht dieser Ablagerungen wird irgendwann so groß, dass sich das darunter liegende Gestein verflüssigt, als Magma aufsteigt und eine neue Landmasse bildet – wo früher Land war, ist jetzt Meer, wo Meer war, ist jetzt Land und der Zyklus kann neu beginnen. Bei dieser geologischen »Maschine«, die langsam und beständig arbeitet, herrscht ein dynamisches Gleichgewicht zwischen von Wasser bedeckter Oberfläche und Landmassen. Im Durchschnitt blieben die Bedingungen immer gleich, so dass Gott seine perfektionierende Gestaltungsfähigkeit bei der Erschaffung des Lebens hatte ausüben können.

Doch in den ersten Jahrzehnten des 19. Jahrhunderts konnte von keinem ernsthaften Geologen mehr bestritten werden, dass in der Vergangenheit Lebensformen ausgestorben waren. Georges Cuvier hatte 1796 zum ersten Mal nicht zu widerlegende Beweise für das Aussterben einer Tierart vorlegen können. Cuvier selbst und Geologen wie Darwins Lehrer Sedgwick vermuteten, dass in der Vergangenheit weltweite, gewaltige Katastrophen mehrfach alles Leben auf der Erde auslöschten und Gott dann jedes Mal alle Lebewesen neu erschuf. Aber dieser Katastrophismus passte nicht in die Vorstellung eines von Naturgesetzen beherrschten Universums. Der gelernte Anwalt Charles Lyell (1797–1875) machte schließlich einen groß angelegten Versuch, geologische Prozesse, Naturtheologie, die neuen Erkenntnisse über das Aussterben von Tieren und die geographische Verbreitung von Organismen mit dem Newton'schen Wissenschaftsideal zu vereinigen. Sobald Darwin Lyells Werk 1831 kennen lernte, verschrieb er sich vollständig dieser Lehre. Lyell entwickelte ein geologisches System, in dem sich bei der Gestaltung der Erdoberfläche Hebungen und Senkungen in einem Gleichgewicht befinden. Im

Frontispiz von Lyells *Principles of Geology*, London 1830. Die Bohrlöcher von Meerestieren auf den Pfeilern des Serapis-Tempels in der Nähe Neapels zeigen, dass die Erdoberfläche dort nach der Erbauung des Tempels eine Senkung und eine Hebung erfahren haben muss.

T. Bradley. Sc.

Present state of the Temple of Serapis at Puzzuoli.

London. Published by John Murray, Albemarle S.ᵗ June. 1830.

langfristigen Mittel ist das Verhältnis von Land- zu Meeresoberfläche stabil, aber es gibt immer Abweichungen von diesem Mittelwert, die Einflüsse auf das Klima haben. Befinden sich beispielsweise große, Wärme absorbierende Landmassen in der Nähe des Äquators, dann herrscht ein Klima mit vergleichsweise hohen Durchschnittstemperaturen. Aber langfristig bleibt trotz dieser Abweichungen auch das Klima stabil.

Das Newton'sche Ideal erfüllte Lyell methodisch mit seinen Prinzipien des Aktualismus und der Uniformität. Nur geologische Ursachen, die auch in der Gegenwart, aktuell, beobachtet werden können, dürfen bei der Rekonstruktion der Erdgeschichte genutzt werden. Und diese Ursachen – Hebungen, Senkungen, Vulkanismus, Erosion – wirken immer in der gleichen Intensität, uniform, so dass gigantische Katastrophen weltweiten Ausmaßes ausgeschlossen sind. Mit diesem System konnte Lyell erklären, warum die Lebensbedingungen für alle Organismentypen auf der Erde stabil blieben, doch bestimmte Arten lokal aussterben konnten. Dieses Aussterben konnte gemäß Lyell zwei Ursachen haben, die beide mit seiner Ablehnung des Lamarckismus zu tun hatten – Arten hatten nur eine sehr eingeschränkte Variationsbreite und konnten daher nur weiter bestehen oder aussterben. Zum einen konnte der geologische Wandel langfristig zu derartig großen Änderungen der Bedingungen in einem Lebensraum führen, dass dieser völlig ungeeignet für die betreffende Art wurde. Zum anderen konnte der Wandel des Lebensraumes es besser angepassten Arten erlauben, einzudringen und die früheren Bewohner im zwischenartlichen Konkurrenzkampf zu verdrängen. Lyell nahm aber auch an, dass langfristig eine stabile Anzahl von Arten auf der Erde Platz findet. Ein Aussterben von Arten bedeutete also, dass auf irgendeine Weise neue Arten entstehen müssen. Lyell lehnte den Artenwandel kategorisch ab und vermutete, dass dort, wo Bedarf bestand, innerhalb kürzester Zeit neue Arten erschaffen wurden. Wie dies geschah, ob durch einen natürlichen oder übernatürlichen Prozess, ließ Lyell offen. Die Ideale des Aktualismus und der Uniformität galten bei Charles Lyell somit nur für die Geologie, nicht aber für die belebte Welt, die weiterhin vom Newton'schen Wissenschaftsideal ausgeschlossen blieb – Arten entstanden plötzlich und niemand hatte dies je beobachten können. Was Lebewesen betraf, war Lyell in seinem Denken nicht sehr viel anders als William Paley. Organismen waren perfekt an ihre Lebensbedingungen angepasst, und wenn dies nicht mehr der Fall war, mussten sie aussterben.

Das hier entworfene Bild zeichnet Charles Darwin als vollständig eingebettet in ein Umfeld, das vom Ideal Newton'scher Wissenschaft und der Naturtheologie bestimmt wurde. Dieses Umfeld bestimmte nicht nur die Erklärungsmodelle in den Naturwissenschaften, sondern auch in der Philosophie und der Ökonomie sowie das Denken über Gesellschaften und die Bevölkerungswissenschaft. Doch möglicherweise übte, wie manche Historiker in den vergangenen Jahren verstärkt behaupten, neben diesem britischen Umfeld auch **die romantische Naturwissenschaft** kontinentaleuropäischen S. 86 Ursprungs ihren Einfluss auf den jungen Darwin aus.

Darwins Weg zum Artenwandel und zur natürlichen Auslese

Weder der Abschied von der Idee der Stabilität der Arten noch die Formulierung des Mechanismus der natürlichen Auslese, der heute als der wesentliche Baustein der Evolutionstheorie gilt, waren einer plötzlichen Eingebung Darwins zu verdanken – die Ideen wurden im Verlauf eines Monate langen, kreativen Prozessen entwickelt und ausgearbeitet. Darwins Denken während der Beagle-Reise und in den Monaten nach seiner Rückkehr wurden vor allem von seiner Auseinandersetzung mit Charles Lyell bestimmt. Lyell versorgte Darwin mit einem Deutungsrahmen, mit einer Agenda und Prioritäten, die Darwin beibehielt, abwandelte oder verwarf.

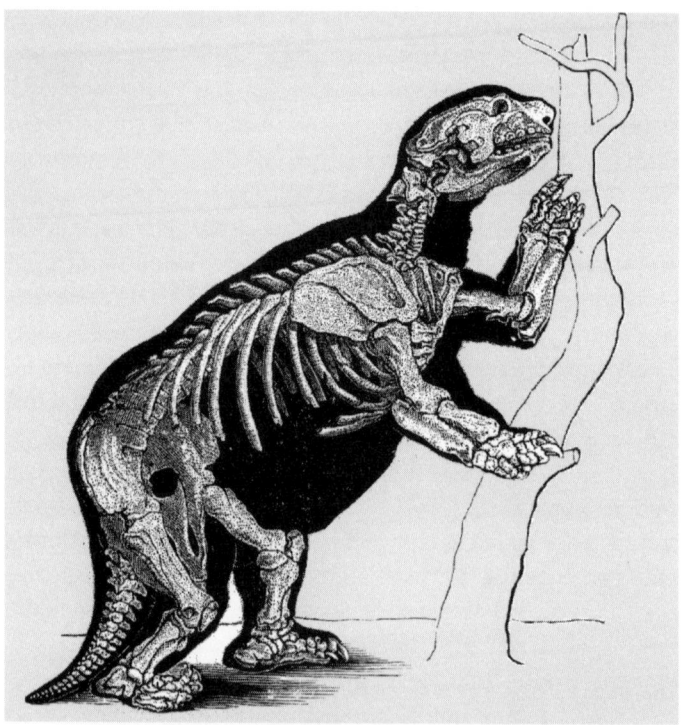

Richard Owens Rekonstruktion des patagonischen Riesenfaultiers *Mylodon*

In der Geologie jedoch blieb Charles Darwin Lyells Vorgaben treu. Die Untersuchung von Gesteinsschichten, Gebirgen, Riffen, Vulkanen und ein Erdbeben in Chile im Laufe der Beagle-Reise überzeugten Darwin mehr und mehr von Lyells neuer Geologie. Darwin erkannte, welchen Wandel die Erdoberfläche erfahren konnte, wenn in der Gegenwart beobachtbare geologische Ursachen über lange Zeiträume wirken – in den chilenischen Anden konnte er beispielsweise in mehreren tausend Metern Höhe fossile Meeresschnecken und Muscheln finden und erfuhr auch wie ein Beben den Strand um mehrere Zentimeter hob und dabei viele Meeresbewohner an Land brachte. Doch Lyells biologische und biogeographische Theorien verloren bald viel von ihrer Überzeugungskraft. Im Februar 1835 vertraute Darwin seinem Notizbuch einige Gedanken an, die ernste Zweifel an Lyells biologischen Ideen enthielten. In Südamerika lebten in einem einheitlichen Lebensraum zwei unterschiedlich große Straußenarten, die ein schmales überlappendes Verbreitungsgebiet hatten. Warum verdrängte die große Art nicht die kleine? Im Südosten des Kontinents fand Darwin viele fossile Überreste ausgestorbener Säugetiere. Warum waren diese Arten ausgestorben und wurden meist von kleineren, verwandten Arten ersetzt? Es waren nicht die von Lyell geforderten Änderungen in der Umwelt geschehen, und trotzdem waren die Arten ausgestorben. Leise Zweifel erlaubte sich Darwin auch an der Perfektion der Anpassung von Lebewesen an ihre Umwelt. Überall wurde Darwin Zeuge davon, wie sich verschleppte und verwilderte domestizierte Tiere an das Leben in neuen Lebensräumen anpassen konnten.

Nach seiner Rückkehr siedelte Darwin sich zuerst für einige Wochen in Cambridge und dann in London an und hatte im Laufe des Jahres 1837 engen Kontakt mit Naturkundlern, welche die während der Beagle-Reise gesammelten Tiere und Pflanzen untersuchten. Immer mehr Tatsachen häuften sich an, die nicht mit Lyells Ideen zur Biogeographie und zur Stabilität der Arten vereinbar waren. Der Ornithologe und Maler John Gould (1804–1881) erkannte die Bedeutung der Finken und der Spottdrosseln der Galapagosinseln. Auf den Inseln lebten verschiedene, aber nah verwandte Arten, die alle wiederum mit Arten des südamerikanischen Festlandes verwandt waren. Richard Owen wies zweifelsfrei nach, dass die ausgestorbene Tierwelt Feuerlands große Ähnlichkeiten mit der zeitgenössischen Tierwelt hatte. Diese Muster schlugen Darwin ein räumliches und zeitliches Abstammungsverhältnis vor: Die Arten auf den Inseln sind möglicherweise auf irgendeine Weise aus den noch existenten Festlandsarten und die Tiere in Patagonien aus den ausgestorbenen Formen entstanden.

Im Juli 1837 begann Darwin seine Spekulationen in eine Reihe von Notizbüchern niederzuschreiben. Die geschlechtliche Fortpflanzung, deren Bedeutung ihm Robert Grant nahezu zehn Jahre zuvor in Edinburgh eröffnete, spielte zunächst die entscheidende Rolle in Darwins Denken über den Artenwandel – die geschlechtliche Erzeugung eines Individuums entsprach der Erzeugung einer Art durch eine andere. Diese Form der Artentstehung wird durch besondere Eigenschaften der geschlechtlichen Fortpflanzung ermöglicht. Ein von zwei Eltern produzierter Nachwuchs reift langsam heran, was den Umweltbedingungen erlaubt, auf den wachsenden Organismus einzuwirken. Ungeschlechtlich produzierte Nachkommen sind einfache Kopien, die nicht eine solche lang andauernde Individualentwicklung durchlaufen. Beim Heranwachsen eines geschlechtlich gezeugten Nachwuchses treten Variationen notwendiger- und nicht zufälligerweise auf, da die Umweltbedingungen sich in einem ständigen Wandel befinden. Diese Abwandlungen sind nicht nur notwendig, sondern auch erblich und immer adaptiv – ungewöhnliche Kälte ruft ein dickeres Fell, ungewöhnliche Wärme ein dünneres Fell hervor. Eine Auslese von zufälligen Variationen findet nicht statt. Wenn Variationen aber notwendigerweise auftreten, wie kann dann eine Art über ein großes Gebiet gleichbleibende Merkmale zeigen? Darwins Antwort lautete: Weil bei der geschlechtlichen Fortpflanzung die elterlichen Merkmale vermischt werden und lokal auftretende Variationen bis zu ihrem Verschwinden »verdünnt« werden. Eine neue Varietät kann jedoch gebildet werden, wenn einige wenige Individuen in Isolation, beispielsweise auf einer Insel, neuen Bedingungen ausgesetzt sind. Wie werden solche Varietäten nun aber zu Arten, die mit der Art, von der sie abstammen, keine fortpflanzungsfähigen Hybriden mehr bilden können? Eine genügend lange andauernde Isolation und die sich aufsummierenden Variationen reichen aus, um

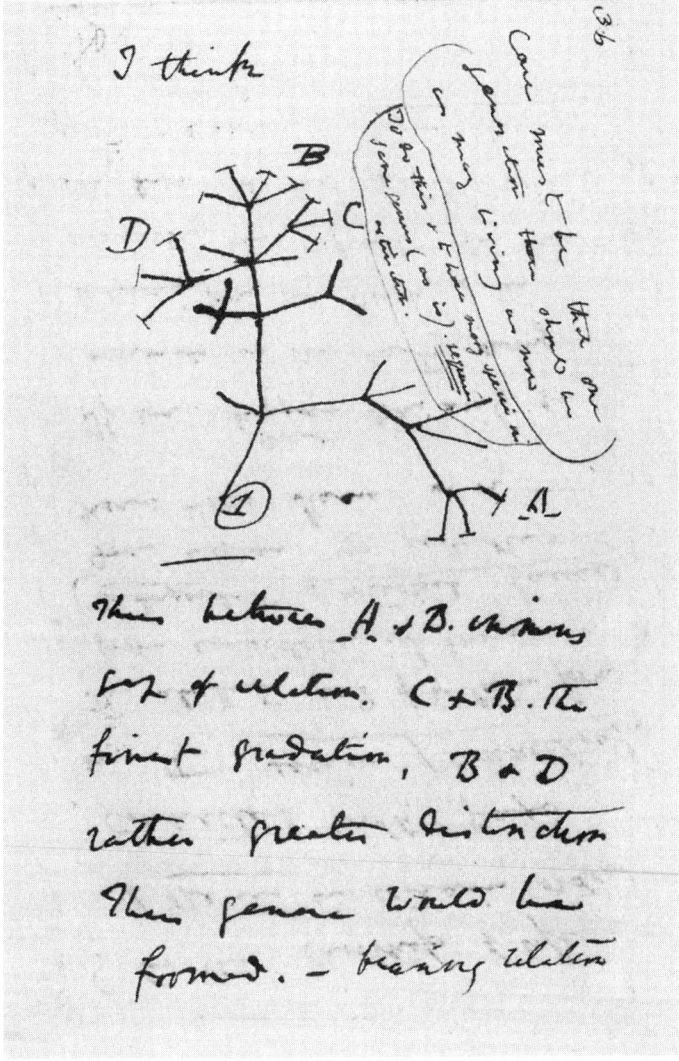

Darwins erste Skizze eines Stammbaumes aus seinem Notizbuch, 1837

das Fortpflanzungssystem und das Verhalten der Arten unvereinbar zu machen. Darwin illustrierte diese Gedanken im Juli 1837 zum ersten Mal mit der Analogie eines Baumes, die alles Leben auf einen einzigen Ursprung zurückführte.

Ein Problem ließ Darwin nicht ruhen: Welcher Mechanismus sorgte dafür, dass immer nur nützliche erbliche Variationen auftraten? Darwin konnte nur vermuten, dass während der Reifung auftretende Abwandlungen nur dann erblich werden, wenn sie mit dem Gesamtablauf der Individualentwicklung harmonisieren. Schädliche Abwandlungen bedeuten meist, dass die Individualentwicklung vorzeitig abgebrochen wird oder nicht fortpflanzungsfähige »Monstren« entstehen, und werden daher nicht erblich. Während der Individualentwicklung entstehen also nützliche und schädliche Abwandlungen, aber nur die nützlichen sind erblich und erlauben ihren Trägern sich fortzupflanzen. Variationen werden »sortiert«, aber nicht in der Auseinandersetzung mit der Umwelt oder Konkurrenten. Variationen kommen nur in zwei Spielarten vor – entweder sie sind nützlich und führen zu einer perfekten Anpassung an die Bedingungen oder sie sind schädlich und letztendlich tödlich.

Charles Darwin konnte auch Lösungen für die Probleme von Form und Funktion anbieten. Warum zeigen viele Lebewesen, wie Richard Owen und Etienne Geoffroy St. Hilaire nachgewiesen hatten, so viele tief greifende Ähnlichkeiten? Warum sind aber trotzdem so viele Strukturen an spezielle Bedingungen angepasst? Die Ähnlichkeiten, der gemeinsame Bauplan, waren tief in das Erbmaterial eingeprägt und nur mit großen Schwierigkeiten unter neuen Bedingungen abänderbar. Die Unterschiede zwischen nah verwandten Arten betrafen meist Merkmale, die Anpassungen an neue Bedingungen darstellen und noch nicht so tief in die erbliche Konstitution eingeprägt sind. Im September 1838 war Darwin mit seinen Spekulationen bis zu diesem Punkt gekommen: Alles Leben war auf einen gemeinsamen Ursprung zurückzuführen, neue Arten entstanden in Isolation, und

Sexualität war das Mittel, das die Anpassung von Lebewesen an ihren Lebensraum garantierte. Sexualität spielte eine Doppelrolle: Sie schuf Stabilität, indem elterliche Merkmale vermischt wurden, und sie erlaubte und unterstützte Wandel unter der Bedingung geographischer Isolation kleiner Populationen.

Am 28. September 1838 las Darwin Thomas Malthus' *Essay on the Principle of Population*. Diese Lektüre stieß einen Prozess an, der im folgenden halben Jahr zur Formulierung der Theorie der natürlichen Auslese führte. Thomas Malthus (1766–1834) argumentierte in diesem einflussreichen Werk, dass alle Populationen die Tendenz haben, sich so schnell fortzupflanzen, dass ab einem gewissen Punkt die Grundversorgung mit Nahrung nicht mehr gesichert ist, heftige Konkurrenz ausbrechen muss und die Population wegen des Verhungerns »überzähliger« Individuen wieder abnehmen wird. Darwin vollführte sofort eine Kehrtwendung in seinem Denken: Das Aussortieren von schädlichen und nützlichen Abwandlungen geschah in seiner Theorie nun nicht mehr während der Individualentwicklung, sondern nach der Geburt, in der Konkurrenz um begrenzte Nahrung. Variationen waren aber immer noch eine notwendige Folge sich ständig ändernder Umweltbedingungen und nicht zufällig und sie waren weiterhin entweder perfekt oder schädlich.

Erst jetzt begann auch die Entsprechung von Artenwandel in der Natur und der Tätigkeit des Züchters an Bedeutung zu gewinnen. Zuvor versorgte die Züchtung Darwin mit einem Kontrast zum Artenwandel in der Natur: Züchtung gebar Monstrositäten und keine Anpassungen, wie sie in der Natur notwendig sind. Im Winter 1838 erkannte Darwin, dass die gezüchteten »Monstrositäten« Anpassungen an vom Züchter festgelegte Bedingungen sind und somit eine hilfreiche Entsprechung für die Vorgänge in der Natur boten. Am Beginn des Jahres 1839 gelangte er schließlich zur endgültigen Formulierung der Theorie der natürlichen Auslese. Es wurde ihm deutlich, dass bei der Züchtung nicht das Ziel des Züchters die nötigen

Variationen hervorrief – die Abwandlungen waren in ihrem Auftreten und ihrer Richtung zufällig und nicht notwendig. Der Züchter
wählte nur die für sein Ziel nützlichen Variationen aus und erlaubte
diesen Organismen die Fortpflanzung. Darwin vermutete nun, dass
auch in der Natur die Auslese zufälliger, ungerichteter und erblicher
Variation unter den Bedingungen der Nahrungskonkurrenz langfristig zu adaptivem Wandel und zur Bildung neuer Arten führen kann.

Eine weitere wichtige Einsicht Darwins war, dass Anpassungen
nicht mehr perfekt sein mussten, sondern Abwandlungen ausgelesen wurden, die ein klein wenig besser waren als die Alternativen
– Anpassung war relativ und nicht absolut. Das naturtheologische
Ideal der Perfektion spielte nun keine Rolle mehr. Darwin glaubte,
mit seiner Theorie das Newton'sche Ideal erfüllt zu haben. Die Vorgänge der Züchtung zeigten, dass Variabilität ständig neu entsteht
und züchterische Auslese zur Entstehung von Rassen führt. Wenn
ein uniformes Wirken dieser beobachtbaren, aktuellen Ursachen auf
natürliche Populationen und geologische Zeiträume ausgedehnt
wird, kann geschlossen werden, dass nicht nur, wie bei der Züchtung,
Rassen, sondern Arten entstehen können.

Einige radikalere Spekulationen vertraute Darwin seinen Notizbüchern M und N an – M stand für »Metaphysik«. Er argumentierte dort,
dass die mentalen und moralischen Fähigkeiten des Menschen eine
direkte Folge der materiellen Organisation des Gehirnes seien. So
konnte er auch diese mentalen Merkmale, die gemäß der naturthe-
ologischen Tradition direkt von Gott den Menschen eingepflanzt
wurden, als Folge einer natürlichen Entwicklung betrachten.

Die Behauptung, schon am Ende der dreißiger Jahre habe Darwins
Abstammungstheorie vollständig vorgelegen und nur die Befürch-
tung, die Welt sei noch nicht reif für diese Theorie, habe ihn davon
abgehalten, an die Öffentlichkeit zu treten, trifft nicht ganz zu. Darwin fasste seine Theorie 1842 in einem Manuskript zusammen, das
jedoch nie veröffentlicht wurde. Er hatte zweifellos Bedenken – die

enorme Feindseligkeit, welche die *Vestiges of Creation* im Jahr 1844 hervorriefen, zeigten ihm mit aller Deutlichkeit, wie viel Sprengstoff noch im Thema des Artenwandels verborgen war. Doch dies war nicht der alleinige Grund für seine Zurückhaltung: Denn für eine wichtige Erscheinung fehlte Darwin noch ein zufriedenstellender Mechanismus – für die Divergenz, das Verzweigen des Baumes des Lebens.

Charles Darwin vermutete zunächst, dass neue Arten vor allem in Isolation – beispielsweise auf Inseln – entstehen, wo Individuen bei ihrer Ankunft besonderem Stress ausgesetzt und darüber hinaus Populationen klein sind. Unter diesen Umständen entstehen viele neue Varianten, die sich in der kleinen Population durchsetzen können. Artentstehung geschah also in Allopatrie. Diese Annahme bedeutete aber, dass Gattungen, die vor allem auf Inseln oder in anderen peripheren und kleinen Lebensräumen vorkommen, mehr Arten haben sollten als Gattungen, deren Verbreitungsschwerpunkt auf großen Kontinenten oder in den Meeren liegt. Darwins Korrespondenz mit anderen Naturkundlern, ein intensives Studium der Biogeographie und seine eigenen vieljährigen Arbeiten an den Rankenfußkrebsen zeigten aber, dass es tatsächlich genau umgekehrt war – Gattungen mit einem weiten, kontinentalen Verbreitungsgebiet waren viel artenreicher als Gattungen, die in isolierten Gebieten leben. Erst in den Jahren nach 1854 stieß Darwin auf eine Lösung, die seine Beobachtungen mit der Theorie vereinbaren konnte.

Ein bestimmter Lebensraum kann mehr – um einen modernen Begriff zu benutzen – Biomasse beherbergen, wenn diese in eine Vielfalt von Lebensformen aufgespalten ist, welche die Ressourcen effizient unter sich aufteilen. Es herrscht eine ökologische Arbeitsteilung. Spezialisierung ist von Vorteil für Organismen, da sie dadurch ihre Auslöschung durch Konkurrenz vermeiden können. Neue Varietäten und Arten entstehen in Sympatrie, das heißt neue Arten und die Form, von der sie abstammen, leben im gleichen Lebensraum. Der Baum des Lebens ist deshalb ein dicht verzweigter Busch und nicht

ON

THE ORIGIN OF SPECIES

BY MEANS OF NATURAL SELECTION,

OR THE

PRESERVATION OF FAVOURED RACES IN THE STRUGGLE FOR LIFE.

u

By CHARLES DARWIN, M.A.,

FELLOW OF THE ROYAL, GEOLOGICAL, LINNÆAN, ETC., SOCIETIES;
AUTHOR OF ' JOURNAL OF RESEARCHES DURING H. M. S. BEAGLE'S VOYAGE
ROUND THE WORLD.'

LONDON:

JOHN MURRAY, ALBEMARLE STREET.

1859.

The right of Translation is reserved.

dominiert von einem oder einigen Stämmen, von denen ab und zu Zweige entspringen. Die Naturtheologen und Charles Lyell hatten angenommen, dass auf der Erde nur Platz für eine konstante Anzahl von Lebensformen ist. Darwin vermutete nun aber, dass sein Mechanismus des Artenwandels dafür sorgte, dass so viele verschiedene Arten wie möglich auf der Erde Platz finden.

Darwin stellte 1856 seine Ideen einigen Freunden, darunter Charles Lyell, vor. Lyell drängte den zögernden Darwin mit Erfolg dazu, seine Theorie in Buchform zusammenzufassen. Während Darwin an diesem Werk arbeitete, erhielt er 1858 eine Arbeit von Alfred Russel Wallace (1823–1913). Der Naturforscher und Sammler formulierte dort ebenfalls eine Theorie der natürlichen Auslese. Darwin fürchtete um sein Lebenswerk und konsultierte Lyell und seinen engen Freund Joseph Hooker. Die beiden überredeten Darwin, gemeinsam mit Wallace die Theorie vorzustellen. Lyell und Hooker organisierten am 1. Juli 1858 ein Treffen der Londoner Linnean Society, in dessen Verlauf eine gemeinsame Arbeit von Darwin und Wallace vorgelesen wurde. Weder Darwin noch Wallace waren anwesend und die Arbeit hinterließ keinen großen Eindruck beim Publikum. Darwin machte sich schließlich in großer Eile an die Arbeit und vollendete in kurzer Zeit die *Origin of Species*, indem er Material aus seinem geplanten großen Werk zusammenfasste. Im November 1859 war es schließlich so weit: Sein Werk erschien beim Verlag John Murray.

Die Aufnahme von Darwins Theorie

Die viktorianische Gesellschaft hatte sich in den fünfziger Jahren des 19. Jahrhunderts mit einem Kompromiss abgefunden, der von Autoren wie William Whewell und Adam Sedgwick angebahnt worden war: Die Geschichte der Erde bis zum Auftritt des Menschen ist eine

Titelseite der Erstausgabe der *Origin of Species*, 1859

Sache der Wissenschaften, und danach gilt das Wort der Bibel. In den sechziger Jahren wurde dieser Kompromiss von mehreren Seiten herausgefordert. Und Darwins Werk war nur ein kleiner Teil dieser Herausforderung. Sechs liberale anglikanische Geistliche und ein Laie traten 1860 in dem Werk *Essays and Reviews* für ein weniger dogmatisches und konservatives Christentum ein, das auf die kritisch-historische Bibelwissenschaft deutscher Theologen baute. Die Aufregung um dieses Werk stellte jede Reaktion auf die *Origin of Species* in den Schatten. Bischof Colenso von Natal brachte die konservativen Anglikaner auf, indem er auf Ungereimtheiten in der Heiligen Schrift aufmerksam machte – wie konnten zum Beispiel sechs Männer 2748 Söhne haben? Eine buchstabengetreue Deutung der Bibel und der von Sedgwick und Whewell verantwortete Kompromiss waren nicht mehr länger überzeugend: Der Mensch wurde Objekt der Wissenschaft und dem Monopol der Religion entwunden. Große Teile der viktorianischen Gesellschaft konnten sich mit diesen Entwicklungen identifizieren, aber Darwin war vielen doch ein wenig zu radikal. Charles Lyell illustriert eine Spielart dieser Reaktion: Er begann eine Form des Artenwandels, auch beim Menschen, zu akzeptieren, die jedoch in Sprüngen vor sich ging und von Gott geleitet wurde. Der Mechanismus der natürlichen Auslese spielte nur eine nebensächliche Rolle. John Herschel (1792–1871), ein Astronom und Wissenschaftsphilosoph, der das Newton'sche Erklärungsideal verteidigte, verweigerte der Theorie der natürlichen Auslese das Etikett der Wissenschaftlichkeit. Die natürliche Auslese sei ein statistisches Gesetz, das auf dem Auftauchen zufälliger und ungerichteter Varianten beruhe, und könne daher keine zuverlässigen Vorhersagen machen.

In Großbritannien diente der Darwinismus auch als eine Waffe im Kampf für die Professionalisierung der Wissenschaft. Ein Alliierter Darwins wie Thomas Henry Huxley (1825–1895) suchte das Monopol der konservativen anglikanischen Universitäten in Oxford und Cambridge zu brechen. Wissenschaft und Religion sollten streng ge-

trennt sein, die Wissenschaft sollte einer professionellen Klasse überlassen werden. Zu diesem Zweck heizte Huxley auch bewusst den
Konflikt zwischen Religion und Wissenschaft an. Aber Darwin und
seine Mitstreiter, so auch Huxley, waren nichtsdestotrotz meist hart
arbeitende Musterbilder viktorianischer Respektabilität und keine
angsteinflößenden Revolutionäre. Im Gegenteil: Sie boten vielen
eine Hoffnung für einen fortschrittlichen, langsamen Wandel der
Gesellschaft. Der Darwinismus wurde in den Jahren nach 1859 do-
mestiziert und instrumentalisiert, in den Dienst der fortschrittlichen
und respektablen Elemente der viktorianischen Gesellschaft gestellt. Die Wirkung des Darwinismus reichte weit über die Sphäre der
Wissenschaft hinaus und berührte Religion, **Politik** und Gesell-
schaftstheorien.

S. 87

Die Aufnahme von Darwins Abstammungslehre wurde andernorts
ebenso von nationalen Traditionen der Wissenschaft und politischen
Bedingungen bestimmt. In Frankreich hinterließ Darwins Werk zunächst keinen sonderlich großen Eindruck. Georges Cuvier galt immer noch als die große Autorität, und wenn Theorien des Artenwandels vorgeschlagen wurden, beriefen sich diese meist auf Lamarck. In
Russland wurde Darwins Lehre von den meisten Biologen willkom-
men geheißen, doch wurde der Aspekt der innerartlichen Konkurrenz weniger stark betont – der Kampf der Organismen gegen die
unbelebte Natur rückte stattdessen in den Vordergrund. In vielen
anderen Ländern wurde der Darwinismus oft wegen seiner sozialen
und politischen Konsequenzen und weniger wegen seiner wissenschaftlichen Verdienste akzeptiert. In Italien wurde besonders der
Materialismus der Evolutionslehre begrüßt und in den Dienst der
Verweltlichung und Modernisierung infolge der nationalen Vereinigung im Jahr 1861 gestellt. In China half der Darwinismus der Furcht
Ausdruck zu geben, im internationalen Kampf gegen die Kolonial-
mächte unterzugehen, und bot ein Argument für innenpolitische
Reformen und ein Programm der »nationalen Stärkung«.

Im deutschsprachigen Raum lag Darwins Werk schon 1860 in einer Übersetzung der zweiten britischen Auflage aus der Feder des Paläontologen Heinrich Georg Bronn vor, der sich leider viel Freiheit bei seiner übersetzerischen Tätigkeit zugestand und einen kritischen Essay anfügte, in dem er einige wichtige Aspekte des Darwinismus kritisierte. Anders als in Großbritannien wurde Darwins Werk allerdings in Deutschland nie ein Verkaufsschlager. Die meisten interessierten Laien lernten den Darwinismus durch die Lektüre populärer Darstellungen kennen, die oft ungemein enthusiastisch waren. Ein Meister dieses Genres war Ernst Haeckel (1834–1919). Haeckel deutete den Darwinismus auf eine Weise, die spezifisch deutsche wissenschaftliche und politische Bedingungen berücksichtigte. In den deutschen Ländern stand der Darwinismus einer traditionsreichen Biologie gegenüber. Viele ältere Biologen waren noch ganz einem Entwicklungsdenken verbunden, das dem gesetz- und planmäßigen Wirken von Kräften im Laufe der Individualentwicklung und während der Entwicklung des Lebens auf der Erde eine zentrale Rolle zugestand. Der Mechanismus der natürlichen Auslese von Zufallsvarianten war diesen Biologen zu ungerichtet, um »Fortschritt« in der Entwicklung des Lebens erklären zu können. Eine neue Generation von Biologen war schon geraume Zeit unzufrieden mit dieser tradierten Anschauungsweise und fand nun im Darwinismus neue Munition für ihren Kampf. Dem idealistischen und teleologischen Denken setzte Haeckel einen radikalen Materialismus entgegen. Leben war nichts anderes als Physik und Chemie. Artenwandel und gemeinsame Abstammung waren bedeutsam für Haeckel, weil sie hilfreich dabei waren, das Leben rein materialistisch zu deuten und das Wirken von Gott oder von spekulativen, vitalistischen Kräften aus der Biologie zu verbannen. Mit vielen seiner wissenschaftlichen Zeitgenossen teilte Haeckel die Überzeugung, dass Materialismus und Demokratie eine Einheit bilden und dass der tradierte Idealismus ein Hindernis auf dem Weg zum gesellschaftlichen Wandel ist.

Ernst Haeckels bedeutendste Leistung in der Wissenschaft ist die Begründung einer evolutionären Morphologie. Haeckel führte die Begriffe »Ontogenie« für die Individualentwicklung und »Phylogenie« für die historische Entwicklung von Arten ein. Sein »biogenetisches Grundgesetz« behauptete eine strenge Parallelität zwischen Ontogenie und Phylogenie. Diese Rekapitulationstheorie bedeutete einen radikalen Bruch mit den Vorstellungen der tradierten Entwicklungslehre, bei der diese Parallelität eine Folge des Wirkens universeller Kräfte war – ein Stammbaum im modernen Sinne, als Abbild historischer Prozesse hatte keinen Platz in diesem Denken. In Haeckels Theorie war die Stammesgeschichte eine Folge blinder Kräfte, und Spuren des phylogenetischen Wandels wurden in der Ontogenese »aufgezeichnet«, da neue Merkmale meist in späten Stadien der Individualentwicklung auftauchten. Die Tatsache, dass der Mensch in der Ontogenese ein Stadium mit Kiemenspalten durchläuft, hat nichts damit zu tun, dass irgendein Gesetz besagt, alle Entwicklungsprozesse müssen dieses Stadium durchlaufen, sondern weil der Mensch einen fischähnlichen Vorfahren hatte und neue Stadien an dieses Fischstadium angehängt wurden. Eine detaillierte Untersuchung der Individualentwicklung verschiedener Arten konnte daher einen Einblick in die Stammesgeschichte der Tierwelt erlauben.

Spätere Arbeiten Charles Darwins

Darwin verbrachte den Rest seines Lebens damit, fünf weitere Auflagen seines Hauptwerkes zu bearbeiten (1860, 1861, 1866, 1869 und 1872) und vor allem verschiedene Aspekte, die im *Origin of Species* nur am Rande angesprochen werden konnten, weiter auszuarbeiten und seine Theorie auf diese Weise zu stärken. Einige seiner späteren Werke wie *The Variation of Animals and Plants Under Domestication* [Das Variiren der Thiere und Pflanzen im Zustande der Domestikation] (1868), *The Descent of Man* [Die Abstammung des Menschen]

(1871) und *The Expression of the Emotions in Animals and Man* [Der Ausdruck der Gemütsbewegungen bei den Menschen und den Tieren] (1872), beschäftigten sich ausführlich mit Themen, denen im *Origin* nur wenig Raum gewidmet war. Andere Werke beschäftigten sich vor allem mit der Botanik, die Darwin schon immer als hilfreiche Quelle für Beispiele gedient hatte. So war Darwins erstes Werk nach der Veröffentlichung der *Origin of Species* ein Buch über Orchideenblüten, in dem er zeigte, dass diese kompliziert gebauten Blüten keine notwendigen Hinweise auf göttliche Gestaltung aufweisen, sondern eine Ansammlung von Anpassungen sind, welche die Bestäubung der Blüten durch Insekten gewährleisten sollen. Eine der Lücken in den *Origin of Species* betraf die Entstehung und Vererbung von Variation. In dem zweibändigen Werk *The Variation of Animals and Plants Under Domestication*, an dem Darwin zwischen 1860 und 1868 arbeitete, stellte er eine Vielzahl von Beispielen für die möglichen Ursachen von Variabilität vor, beispielsweise Gebrauch und Nichtgebrauch von Organen oder direkte Einflüsse der Umwelt. All diese Mechanismen wurden durch eine Theorie der Vererbung, die Pangenese, vereinigt. Gemäß dieser Theorie produziert jeder Körperteil kleinste Teilchen, »gemmulae«, die sich in den Fortpflanzungsorganen ansammelten und während der Fortpflanzung vererbt wurden. Im Nachwuchs mischten sich dann die Teilchen der beiden Elternteile, so dass eine erbliche Ähnlichkeit zwischen den beiden Generationen gewährleistet war. Darwin war damit ein typischer Vertreter einer der wichtigsten **Vererbungstheorien vor Mendel**.

S.90

1868 nahm sich Darwin schließlich der Evolution des Menschen an und legte drei Jahre später ein zweibändiges Werk mit dem Titel *The Descent of Man* vor. In den zwölf Jahren seit dem Erscheinen der *Origin of Species* hatten sich die Wogen über die »äffische« Abstam-

Tafel aus Darwins *The Expression of the Emotions in Man and Animals*, London 1872: Verschiedene Grade des mäßigen Lachens und Lächelns

Tafel III

mung des Menschen geglättet, auch die anglikanische Kirche hatte sich mit Darwins Theorie angefreundet, und dieses Werk rief keine Stürme der Entrüstung mehr hervor. Darwin argumentierte in dem Werk, dass die sexuelle Auslese für die Abzweigung der menschlichen Rassen von einem gemeinsamen Vorfahren verantwortlich ist. Er hatte diese Form der Auslese im *Origin of Species* eingeführt, um Merkmale wie etwa den Schwanz des Pfauen erklären zu können. Diese Merkmale waren keine Anpassungen, die das Überleben erleichterten, sondern dienten nur zum Anlocken von Partnern und erhöhten auf diese Weise den Fortpflanzungserfolg. Wenn sich in verschiedenen Populationen verschiedene Schönheitsideale durchsetzen, kann dieser Mechanismus zur Divergenz führen. Mehr als zwei Drittel des Werkes widmete Darwin der Beschreibung der sexuellen Auslese im Tierreich; er stellte allerdings auch einige neue und kontroverse Vermutungen zum Menschen vor: Der von ihm vorgeschlagene Stammbaum zeigte die Affen der alten Welt als nächste Verwandte des Menschen, er stellte einen Überblick über primitive menschliche Gesellschaften vor und ließ einen ursprünglichen Menschen mit behaartem Körper, spitzen Ohren und einem Schwanz auftreten – eine Vorstellung, die die viktorianischen Leser schockierte. Trotzdem verkaufte sich das Buch ungemein gut, so dass Darwin schon 1874 eine zweite Auflage nachschicken musste.

Einem Thema konnte er auch im *Descent of Man* nicht genügend Platz einräumen, den Gemütsbewegungen bei Mensch und Tier. *The Expression of the Emotions in Animals and Man* kam beim Publikum ebenfalls sehr gut an, nicht zuletzt weil Darwin großzügigen Gebrauch von Anekdoten, Fotografien und Illustrationen machte. Darwin argumentierte unter anderem, dass ein mentales Kontinuum zwischen Tieren und Menschen bestehe. Tiere besäßen Spuren jeder menschlichen Emotion, sogar von moralischen Vorstellungen.

Spätere Werke brachten Darwin wieder zurück zur Botanik. So untersuchte er beispielsweise mit der Hilfe seines Sohnes Francis die

Bewegungen von Pflanzen. Doch sein letztes Buch widmete Darwin dem vernachlässigten Wirken des Regenwurmes. In diesem Werk spiegelte sich Darwins lebenslanges Interesse an schrittweisem geologischem und biologischem Wandel wider. Darwin zeigte, dass Regenwürmer langsam die Erdoberfläche regenerieren können, indem sie jede Nacht frische Erde an die Oberfläche bringen.

Am Ende seines Lebens war Darwin keine Bedrohung mehr für Gesellschaft und Kirche, sondern wurde als der große alte, weise Mann der britischen Wissenschaft verehrt. Er starb am 19. April 1882 in Downe und wurde in der Westminster Abbey in London begraben.

VON DER EVOLUTIONÄREN MORPHOLOGIE ZUM GENETISCHEN DARWINISMUS

Die meisten Biologen zogen zwei Lehren aus Charles Darwins Werk. Zum einen ist alles Leben auf der Erde durch den Prozess der Abstammung miteinander verbunden und auf einen Ursprung rückführbar. Die Ähnlichkeit zweier Organismengruppen war nun keine rein formale Angelegenheit mehr, sondern wies auf eine gemeinsame Abstammung hin. Diese Einsicht führte zu der Hoffnung, endlich zu einem stabilen, natürlichen System der Klassifikation des Lebens zu gelangen. Die Leser der *Origin of Species* stimmten zum anderen darin überein, dass Darwin den Mechanismus der natürlichen Auslese erblicher Variationen als die materielle Ursache für die Verzweigung des Baums des Lebens betrachtete: Geeignete Individuen geben ihre erblichen, vorteilhaften Variationen an die nächste Generation weiter, weniger geeignete Individuen hinterlassen nur wenige oder keine Nachkommen und sind somit die Verlierer im »Kampf um das Überleben«. Die vorteilhaften Abwandlungen akkumulieren sich und führen über lange Zeiträume zum Entstehen neuer Varietäten, Unterarten und Arten.

Damit erschöpfte sich auch schon die Einigkeit. Einige Themen erwiesen sich dagegen als besonders kontrovers. Darwin betonte beispielsweise den langsamen, schrittweisen Verlauf des Wandels. Aber selbst Thomas Henry Huxley, der sich kämpferisch als »Darwin's bulldog« bezeichnete, rügte Darwin dafür, dass er sprunghaften Wandel kategorisch ausschloss. Auch Francis Galton (1822–1911), ein Vetter Darwins und der Begründer der Eugenik, vermutete, dass neue Arten in einem großen Schritt entstehen und nicht durch das Akkumulieren kleiner Abwandlungen hervorgebracht werden. Ein weiterer umstrittener Punkt war die Zufälligkeit und Ungerichtetheit der Variationen. Viele Paläontologen erkannten in der Fossilgeschichte einen Trend zu immer größerer Komplexität, der nicht mit der Blindheit der natürlichen Auslese von Zufallsvarianten vereinbar schien. Paläontologen erwiesen sich in den folgenden Jahrzehnten als besonders anfällig für den Lamarckismus. Aber auch viele Biologen, die sich selbst als Darwinisten betrachteten, zweifelten ebenso an der Ungerichtetheit der Variationen. Der Botaniker Asa Gray (1810–1888), einer der einflussreichsten Verteidiger des Darwinismus in den Vereinigten Staaten, war davon überzeugt, dass Gott die auftretende Variation kontrolliert und ihr eine Richtung gibt.

Fragen nach der Ursache von Variationen, ihrer Richtung und ihres Ausmaßes sowie nach dem Mechanismus der Vererbung waren in den Jahrzehnten nach dem Erscheinen der *Origin of Species* mit den verfügbaren Methoden nicht eindeutig zu beantworten. Die Ursachen des Artenwandels entzogen sich zunächst noch einer Analyse, doch die Folgen des Wandels konnten untersucht werden. Die Rekonstruktion der Geschichte des Lebens und von Verwandtschaftsbeziehungen zwischen Organismengruppen waren zwei Gebiete, die bis in die späten achtziger Jahre des 19. Jahrhunderts einige Erfolge aufweisen konnten.

Die »unmoderne« Synthese: Embryologie und Evolution

Ernst Haeckels Annahme, die Individualentwicklung rekapituliere die stammesgeschichtliche Entwicklung, bot einer neuen Generation von »wissenschaftlichen« Zoologen eine Rechtfertigung, eine Vielzahl vergleichender Studien durchzuführen. Denn dieses »biogenetische Grundgesetz« bedeutete, dass es legitim war, die embryonalen Stadien eines Organismus mit der Abfolge seiner stammesgeschichtlichen Vorläufer zu vergleichen – evolutiver Wandel wurde als Wandel der Individualentwicklung begriffen. Die Paläontologie konnte bei diesem Vorhaben nur wenig helfen, denn es existierte zu wenig fossiles Material, um einen Vergleich mit embryonalen Stadien lebender Organismen durchführen zu können. Aber es wurden Auswege gefunden. Die meisten Zoologen stimmten darin überein, dass bestimmte zeitgenössische Organismengruppen primitiver sind als andere. Dies bedeutete nicht nur, dass diese Formen angeblich weniger komplex sind, sondern auch, dass sie evolutionär ältere Formen darstellten. So galten Haie als primitiv, weil sie früh in der Erdgeschichte auftauchten und allem Anschein nach weniger komplex als andere Wirbeltiere waren. Einzellige Lebewesen waren demnach Modelle für die allerersten Lebensformen. Auf der Grundlage solcher Annahmen konnten also die erwachsenen Formen »primitiver« Tiere mit den Embryonalstadien »hochentwickelter« Formen wie den Säugetieren oder den Vögeln verglichen werden. Es konnten auch die Embryonalstadien zweier Organismen miteinander verglichen werden: Je länger beispielsweise die Individualentwicklung zweier Arten parallel verläuft, desto weniger weit sollte dann angeblich der gemeinsame Vorfahre der beiden Formen zurückliegen.

Haeckels »Gastraea«-Theorie kann die Vorgehensweise der evolutionären Morphologie gut illustrieren. In einer Monographie über die Kalkschwämme beschrieb Haeckel 1872 das Gastrula-Stadium als

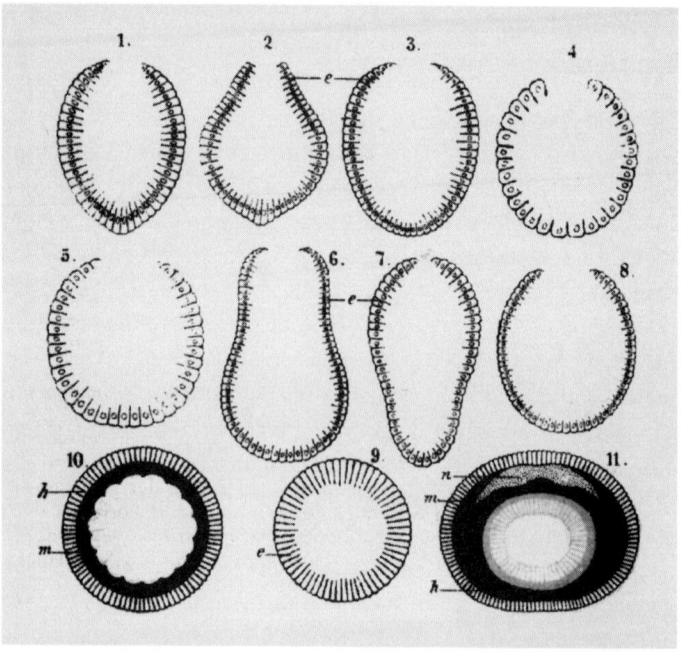

Gastrula-Stadien verschiedener Tiergruppen (1–8), welche die Ähnlichkeit der Anfangsformen demonstrieren soll, aus Ernst Haeckels *Gastraea-Theorie*, 1874.

das wichtigste Embryonalstadium im Tierreich. Die Gastrula ist eine einfache Kugel, die aus zwei konzentrischen Zelllagen besteht und bei allen mehrzelligen Tieren früh in der Ontogenese auftaucht. Haeckel vermutete nun, dass in der Frühzeit des Lebens ein erwachsener Organismus, den er »Gastraea« nannte, lebte. Der britische Morphologe Edwin Ray Lankester (1847–1929) entwickelte zur gleichen Zeit eine ähnliche Vermutung. Lankester gab dem hypothetischen Vorfahren den Namen »Planula«. Ein Streit entzündete sich schließlich um die Frage, wie die beiden Zellschichten entstehen: Entstanden sie durch ein Einstülpen einer einschichtigen Kugel oder durch Abteilung einer neuen Schicht? Bei dieser Frage konnte keine Einigkeit erzielt werden, aber fast alle Morphologen stimmten überein, dass das biogenetische Grundgesetz Haeckels zweifelsfrei eine Gastraea-ähnliche Form als Frühstadium des Lebens erschloss. Es gab jedoch auch Abweichler: Der russische Morphologe Ilja Mečnikov (1845–1916) war ursprünglich ein Anhänger Haeckels, doch später schlug er vor, dass der früheste mehrzellige Organismus keinen zentralen Hohlraum besaß, sondern – wie die zeitgenössischen Schwämme – von Zellen angefüllt war, die eine Verdauungsfunktion wahrnahmen. Mečnikov gab schließlich seine Forschungen im Feld der evolutionären Morphologie auf und nutzte seine Einsichten zum Beginn des mehrzelligen Lebens, um eine Vermutung zur Entstehung des Immunsystems zu formulieren.

Die evolutionäre Morphologie konnte, wie auch die Gastraea-Theorie zeigt, nur selten mit eindeutigen Ergebnissen aufwarten: Es wurden Muster beschrieben und verglichen, und nur in den seltensten Fällen konnten tatsächlich stammesgeschichtliche Zusammenhänge eindeutig aufgezeigt werden. Die Disziplin erhielt nach und nach den Ruf, außerordentlich spekulativ zu sein, und wurde schließlich in den letzten beiden Jahrzehnten des 19. Jahrhunderts durch drei neue Ansätze verdrängt, die die Entwicklung der Biologie in der Zukunft entscheidend beeinflussen sollten: August Weismanns Theorie des Keimplasmas, die Entwicklungsmechanik und die Genetik.

Der an der Universität Freiburg lehrende Zoologe August Weismann (1834–1914), ein radikaler Materialist, Säkularist und Demokrat, wurde als Erster mit dem Begriff »Neo-Darwinist« bezeichnet. Weismann wollte den Darwinismus vor lamarckistischen Verzerrungen bewahren und zeigte experimentell, dass die Vererbung erworbener Eigenschaften unmöglich war. Diese Unmöglichkeit erklärte Weismann mit seiner Theorie des Keimplasmas. Mikroskopische Untersuchungen von Embryonen zeigten, dass sehr früh in der Individualentwicklung zwei Zelllinien voneinander geschieden werden. Eine

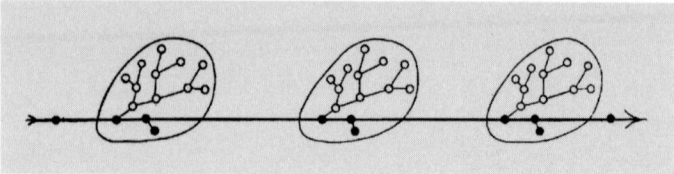

August Weismanns Theorie des Keimplasmas: Sukzessive Individuen werden durch Körperzellen (leere Kreise) aufgebaut, während die Keimzellen (schwarze Kreise) eine separate Entwicklungslinie bilden, die unabhängig von den Körperzellen der Organismen ist. Aus Weismanns Buch *Das Keimplasma. Eine Theorie der Vererbung*, Jena 1982.

Zelllinie bildet das Soma, den Körper mit all seinen Organen und Geweben, die andere Linie bildet die Keimzellen, welche die einzige materielle Brücke zur nächsten Generation bilden. Änderungen, die das erwachsene Soma betreffen, können nicht auf das »Keimplasma« einwirken und sind daher nicht erblich. Weismann vermutete, dass die »Urzelle« mit einem vollständigen Satz so genannter »ids«, merkmalsbestimmender Faktoren, ausgestattet sei. Bestimmte Kombinationen von »ids« legten den Charakter einer differenzierten Zelle fest. Eine knochenbildende Zelle hatte also im Laufe ihrer Differenzierung während der Individualentwicklung nur noch einen bestimmten Satz von »ids« übrig und konnte daher auch nicht mehr einen vollständigen Organismus bilden.

Mit dieser einflussreichen Theorie sprach Weismann der blinden natürlichen Auslese die »Allmacht« zu und versperrte jeglichem lamarckistischen Element einen Platz im Darwinismus. Eine andere Folge war, dass die Entwicklung des Somas, die Ontogenese, ihre Bedeutung als Quelle evolutiven Wandels verlor: Nur Änderungen im erblichen Material der Keimzellen können evolutive Neuerungen hervorrufen. Weismann brach mit einer alten Tradition, an der auch Charles Darwin teilhatte und die Fortpflanzung und Wachstum als einen einheitlichen Prozess betrachtete.

Wilhelm Roux (1850–1924), ein Materialist in der Tradition Haeckels, prägte im Jahr 1895 den Begriff »Entwicklungsmechanik«. Dieses Forschungsprogramm startete eine Entwicklung, die schließlich mit der Lokalisierung von Genen auf den Chromosomen des Zellkerns endete. Nicht nur Untersuchungen an Pflanzenhybriden, wie Gregor Mendel sie im Brünner Klostergarten durchführte, sondern auch die Entwicklungsmechanik waren Geburtshelfer der Genetik. Roux' Arbeitshypothese lautete, dass jedes Stadium in der Individualentwicklung alleine von dem vorhergehenden Stadium mechanisch bestimmt werde – kein übergeordneter Plan steuere die Entwicklung, sondern nur Ketten von Ursachen und Wirkungen. Roux rückte damit die Vorgänge bei Individualentwicklung in den Vordergrund – wie können Abfolgen von Zellteilungen einen differenzierten und doch integrierten Organismus schaffen? Hans Driesch (1867–1941) war im Gegensatz zu Roux ein Antimaterialist und Teleologe, der die Individualentwicklung als von einem Ziel gesteuert ansah. Roux und Driesch konnten sich nicht darüber einigen, wo die Information, welche die Entwicklung leitet, lokalisiert ist. Roux vermutete, dass jede Zelle nur einen Teil der nötigen Information enthält, während Driesch davon überzeugt war, dass jede Zelle mit der vollständigen Information ausgestattet sei. Driesch gelang es mit einem Experiment zu zeigen, dass isolierte Zellen eines Seeigel-Embryos sich zu vollständigen Individuen zu entwickeln vermögen. Diese Ergebnisse wurden von einem Freund Drieschs aufmerksam wahrgenommen, von dem Amerikaner Thomas Hunt Morgan (1866–1945), der es sich zur Aufgabe machte herauszufinden, wo in der Zelle diese die Entwicklung steuernde Information sitzt. Hier beginnt eine Tradition, die zu einer neuen Disziplin führen sollte – zur Genetik.

Der Aufstieg der Genetik zog den Ausschluss der Entwicklungsbiologie aus der Evolutionsbiologie nach sich. In den zwanziger und dreißiger Jahren des 20. Jahrhunderts erlebte die Entwicklungsbiologie mit den Arbeiten von Hans Spemann (1869–1941) und anderen zwar eine Renaissance, doch Entwicklungs- und Evolutionsbiologen hatten endgültig das Interesse aneinander verloren. Die Weitergabe von Genen von einer Generation zur nächsten, nicht mehr ihre Rolle während der Individualentwicklung und im erwachsenen Organismus, war zum Fokus der Aufmerksamkeit in der Evolutionsbiologie geworden.

Mendelismus und Biometrie

Im Jahr 1900 entdeckten drei Botaniker, Hugo de Vries, Carl Correns und Erich von Tschermak, angeblich unabhängig voneinander Gregor Mendels Arbeiten von 1865 über Pflanzenhybriden wieder. Dieses Ereignis läutete eine Periode ein, welche den Darwinismus in eine Krise führte, aus der er jedoch gestärkt hervorgehen sollte. Die hitzige Debatte kreiste um die Frage, ob evolutiver Wandel in kleinen oder großen Schritten geschieht und wie bedeutsam der Mechanismus der natürlichen Auslese ist. Die Ereignisse nach 1900 spielten sich jedoch vor einem schon jahrzehntealten Hintergrund ab. Das Newton'sche Ideal und Lyells Geologie verpflichteten Charles Darwin zum methodischen Prinzip der Uniformität. Dies bedeutete, dass Artenwandel nur durch das Aufsummieren kleinster Änderungen geschehen konnte. Dies erschien vielen Biologen als unrealistisch, da diese kleinen Abweichungen angeblich kaum einen genügend großen Vorteil im Überlebenskampf bieten konnten. Wie schon erwähnt, stellten sich sogar ergebene Unterstützer Darwins wie Thomas Henry Huxley und Francis Galton in diesem Punkt gegen ihn.

Galton besetzt jedoch eine zwiespältige Schlüsselposition in den Debatten um die Jahrhundertwende, denn seine Autorität wurde von beiden Lagern in Anspruch genommen. Galton war der erste Wissenschaftler, der systematisch mathematische Mittel beim Studium der Vererbung einsetzte und dabei zahlreiche statistische Methoden entwickelte. Er konzentrierte sich besonders auf die Streuung von

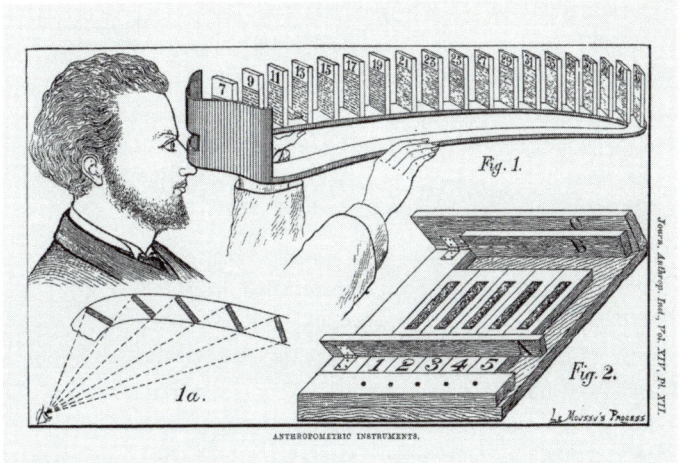

Apparatur aus Francis Galtons biometrischem Labor, die dazu diente, die Variabilität menschlicher Merkmale zu messen.

Messwerten um den Mittelwert. Diese Analyse der Variation und ihrer Vererbung hatte offensichtliche Bedeutung für das Studium der Evolution. Galton war davon überzeugt, dass die Auslese dieser kleinen Abweichungen keinen gerichteten Wandel hervorbringen könne, da selbst die Nachkommen zweier Eltern mit extremen Werten der Abweichung wieder näher am Mittelwert sind als die Elterngeneration – Galton nannte diese Erscheinung »Regression zum Mittelwert«. Eine Auslese solcher Variationen erschien ihm daher wirkungslos. Er vermutete, evolutiver Wandel sei nur erklärbar durch ab und zu auftretende große Abweichungen, so genannte »sports«, die auf einen Schlag einen neuen Typ schaffen.

Galtons statistische Methoden wurden von einigen Mathematikern und Biologen begeistert aufgenommen, da endlich Variationen und ihre Bedeutung rigoros untersucht werden konnten. Die Schule der Biometriker berief sich auf diesen Aspekt von Galtons Werk und verweigerte ihm die Gefolgschaft, was die Bedeutung der »sports« betraf. Der Mathematiker Karl Pearson (1857–1936) und der Zoologe Walter F. R. Weldon (1860–1906) bauten die statistische Methodik aus und nutzten sie, um natürliche Population zu untersuchen. So sammelte Weldon in den Osterferien 1892 zusammen mit seiner Frau auf Malta und bei Neapel Daten von 1000 Krabbenweibchen. Pearson zeigte, dass alle bis auf ein Merkmal einer glockenförmigen Verteilung gehorchten. Ein Merkmal, die Breite des Panzers, zeigte jedoch eine so genannte bimodale Verteilung, das heißt die Population bestand aus zwei Untergruppen, deren Mittelwert sich unterschied. Pearson schloss daraus, dass die von Weldon gesammelte Population aus zwei Arten bestehe und dass natürliche Auslese auf kleine Variationen der Breite des Panzers wirke.

Andere Biologen betonten hingegen wie Francis Galton die Bedeutung großer, sprunghafter Abweichungen für das Auftauchen neuer Arten in der Geschichte des Lebens. William Bateson (1861–1926) war zunächst ein evolutionärer Morphologe, der sich frustriert von dieser Forschungsrichtung abwandte und das Rohmaterial der Evolution, die Variation, zu untersuchen begann. 1886 reiste Bateson nach Russland, um dort das Zusammenspiel zwischen Variation und Umwelt zu untersuchen. Doch leider konnte er keine eindeutigen Zusammenhänge finden. Kleine individuelle Unterschiede erschienen Bateson schließlich unbedeutsam für den Überlebenskampf und den Verlauf der Evolution. Neue Arten entstünden sprunghaft und nicht durch einen langsamen adaptiven Prozess wie Darwin es in seiner Theorie vermutete. Einen Gefährten fand Bateson in Hugo de Vries (1848–1935), einem niederländischen Botaniker. De Vries' Arbeiten über die Nachtkerze führten zu der Einsicht, dass natürliche Auslese keine neuen Arten bilden kann. Laut de Vries entstehen neue Arten plötzlich, wenn Mutationen durch Hybridisierung zwischen nah verwandten Arten weiterverbreitet werden, nicht durch zeitraubende Auslese vorteilhafter Varianten.

Bateson und sein Mitstreiter fanden in Gregor Mendels Ergebnissen neue Munition für ihre Auseinandersetzung mit Biometrikern wie Pearson und Weldon. Mendel vermutete, dass unvermischbare, diskrete Erbfaktoren Merkmale von Organismen bestimmen. Und die von Mendel untersuchten Merkmale variierten nicht kontinuierlich – die Erbsen hatten entweder weiße oder violette Blüten, die Samen der Pflanzen waren entweder runzelig oder glatt. Diese Ergebnisse Mendels schienen die Vorstellungen Batesons zu unterstützen, dass wichtige Variation in diskreten Schritten vorkommt und Mutationen wichtiger als Auslese sind.

Die »Moderne Synthese«: Genetik, Naturgeschichte und Evolution

Der Begriff moderne oder evolutionäre Synthese ist problematisch, da sich unter diesem Etikett verschiedene Ereignisse mit verschiedenen Akteuren zusammenfassen lassen. Zum einen gab es in den zwanziger und dreißiger Jahren die Vereinigung von mendelscher Genetik, Biometrie und der Vorstellung schrittweiser Evolution durch natürliche Auslese, die von Ronald A. Fisher (1890–1962), Sewall Wright (1889–1988), John Burdon Sanderson Haldane (1892–1964) und Sergej Četverikov (1880–1959) geleistet wurde. Zum anderen gab es eine fruchtbare Verbindung verschiedener Disziplinen wie der Biogeographie, Paläontologie und experimenteller und beobachtender Feldarbeit, an der die Genetik auch teilhatte, aber keine dominierende Rolle spielte.

Der erste Versuch einer Synthese begann mit einer einsamen Stimme. Schon 1902 machte der Statistiker George Udney Yule (1871–1951) darauf aufmerksam, dass die Existenz mendelscher Erbfaktoren mit der kontinuierlichen Variation, welche die Biometriker interessierte, voll und ganz vereinbar war. Wenn ein Merkmal durch viele, in verschiedenen Versionen oder Allelen vorliegende Erbfaktoren bestimmt wird, dann kann sich in einer Population eine nahezu kontinuierliche Merkmalsbreite ausformen. In der heftigen Auseinandersetzung zwischen Bateson und Pearson fand Yule zunächst kein Gehör, doch in den folgenden Jahren fanden einige Entwicklungen statt, welche die Unterstützung der Genetiker für de Vries' und Batesons Vermutung unterhöhlten, dass eine neue Art in einem Schritt entsteht und daher sofort eine separate Population bildet. In Amerika gelang es Thomas Hunt Morgan und seinen Mitarbeitern zu zeigen, dass Erbänderungen zur Merkmalsbreite in einer Population beitrugen und nicht zur Absonderung einer Untergruppe führten. Viele Mutationen hatten nur kleine Wirkungen auf Merkmale, und Mutationen mit großen Wirkungen waren meist tödlich. Der schwedische Genetiker Hermann Nilsson-Ehle (1873–1949) und der Amerikaner Edward East (1879–1938) demonstrierten, dass viele Merkmale nicht von einem einzigen Gen, sondern von mehreren Genen bestimmt werden – dies ist das Phänomen der Polygenie. 1915 zeigte der Brite Reginald Punnett (1875–1967) in einer Studie über Mimikry bei Schmetterlingen, wie schnell sich eine vorteilhafte Genversion in einer Population durchsetzen kann.

Diese Einsichten wurden zum Grundstein der Arbeiten des Mathematikers Ronald A. Fisher, der 1918 zeigte, dass kontinuierliche Variation mit diskreten mendelschen Erbfaktoren erklärt werden kann und dass eine auf Gene einer großen Population langsam und beständig wirkende natürliche Auslese die Häufigkeit jedes vorteilhaften Gens erhöhen kann. Er vermutete, dass nur große Populationen die für die Wirksamkeit der Auslese nötige genetische Variabilität aufweisen können. Fisher »atomisierte« die Populationsgenetik: Da Populationen so groß sind, dass keine Zufallsereignisse die Häufigkeiten von Genen bestimmen, kann jedem einzelnen Gen ein von anderen Genen unabhängiger »selektiver Wert« zugeschrieben werden. Fisher zeigte auch, warum nur schrittweiser und nicht sprunghafter Wandel eine sinnvolle Vermutung ist: Er stellte sich vor, dass Populationen im Laufe der Evolution »Fitness«-Berge erklimmen. Die Gipfel dieser Berge entsprechen einem Zustand optimaler Eignung. Der Weg dorthin muss in kleinen Schritten, das heißt Mutationen, geschehen, denn bei der Annäherung an den Gipfel wird das Risiko immer größer, dass ein großer Schritt am Ziel vorbeiführt. J. B. S. Haldane entwickelte ähnliche Modelle wie Fisher, doch er nutzte praktische Beispiele wie den Industrie-Melanismus bei Schmetterlingen, um zu zeigen, dass die Auslese schneller wirken konnte als Fisher annahm. Durch Industrieabgase verdunkelte Baumstämme eigneten sich nicht mehr dafür, am Tage ruhenden Nachtfaltern mit hellen Flügeln Schutz zu geben. Es gab einen Auslesedruck, der dunklen Formen einen Vorteil gab, und in industrialisierten Gegenden Großbritanniens wurden helle Formen schnell durch dunkle ersetzt. In der Sowjetunion zeigte Četverikov, dass sich genetische Variabilität eher in kleinen, nicht wie Fisher vermutete in großen Populationen ausdrückt. In den USA zeigte William Castle (1867–1962) ebenfalls, dass sich in kleinen Populationen genetische Variabilität ausdrücken kann, die in großen Populationen versteckt bleibt.

Fragen der Populationsstruktur und die mögliche Bedeutung von Wechselwirkungen zwischen Genen traten in den zwanziger und dreißiger Jahren mehr und mehr in den Vordergrund. William Castles Student Sewall Wright führte die Arbeiten seines Lehrers weiter und entwickelte mathematische Modelle, wie evolutiver Wandel in Populationen geschieht, die in zahlreiche, mehr oder weniger isolierte Untergruppen aufgeteilt sind. Neben Fragen der Populationsstruktur interessierten Züchtungsgenetiker wie Wright Probleme, wie Gene ihre Wirkung auf die Gestalt ausüben. Arbeiten an der Fellfärbung von Hamstern überzeugten Wright davon, dass nicht einzelne Gene, wie Fisher vermutete, sondern wechselwirkende Genkomplexe bedeutsam sind. Wright betonte die Erscheinung der Epistasie, das heißt die Beobachtung, dass die Wirkung eines Gens auf die Gestalt von Allelen an anderen Genorten abhängt (**Genetischer Atomismus** `S. 94`

und Epistasie). In den dreißiger Jahren standen Wright und Fisher sich in einer heftigen Kontroverse gegenüber: Für Wright geschah Evolution in einer komplexen »Landschaft«, die viele »Fitness«-Berge verschiedener Höhe und viele Täler beherbergte. Diese Landschaft war eine Folge der Aufteilung der Population in Unterpopulationen und von Wechselwirkungen zwischen Genen. Fishers evolutive Landschaft war hingegen von einem Gipfel dominiert. Diese Annahmen führten zu unterschiedlichen Schlussfolgerungen über den Verlauf der Evolution: In Fishers Modellen konnte der Gipfel vom Mechanismus der Auslese erreichbar werden, während in Wrights »adaptiver Landschaft« eine Population auf einem Gipfel ankommen konnte, der nicht der höchste in der Landschaft war und somit kein evolutionäres Optimum darstellte. Die deterministische Kraft der natürlichen Auslese kann Populationen nur bergauf führen und ist daher nicht in der Lage, die Population das Tal zu einem höheren Gipfel durchqueren zu lassen. Wright vermutete, dass Zufallsprozesse in kleinen Populationen es erlauben, diese Fitness-Täler zu durchqueren. Fisher war ein begnadeter Mathematiker und Wright ein mathematisch begabter Züchtungsgenetiker: Vielen Biologen waren ihre Argumente und Kontroversen viel zu abstrakt. Dem 1927 in die USA ausgewanderten russischen Genetiker Theodosius Dobzhansky (1900–1975) gelang es, diese theoretischen Argumente in eine Form zu bringen, die auch andere Biologen verstehen konnten. Sein epochales Werk *Genetics and the Origin of Species* (1937) ist ein Klassiker der Evolutionsbiologie geblieben. Dobzhansky war der Erste, der Evolution als Änderungen von Genhäufigkeiten definierte.

Doch diese Darstellung der erfolgreichen Verbindung von Genetik und darwinscher, schrittweiser Evolution ist möglicherweise nicht vollständig. Ernst Mayr (geb. 1904) verteidigt in seinen zahlreichen Schriften eine andere Lesart der Geschichte. Mayr behauptet, dass auch Feldbiologen, die über geographische Variabilität arbeiteten, in den zwanziger und dreißiger Jahren die Bedeutung adaptiver Evolu-

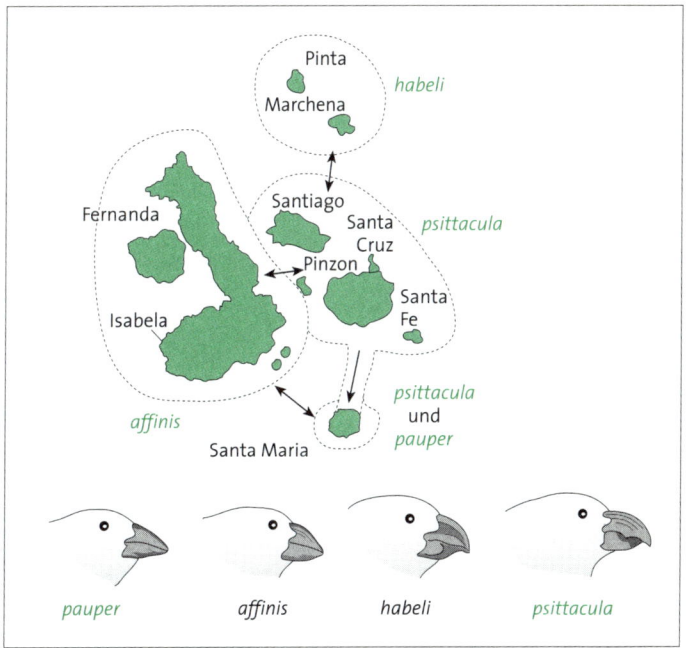

Beispiel für geographische Artbildung bei den Galapagos-Finken. Die Karte zeigt die Verteilung von drei Unterarten der Art *Camarhynchus psittacula* und ihre vermuteten Ausbreitungswege.

tion erkannt haben und ihre Aufmerksamkeit auf lokale Variation und isolierte Populationen richteten. Mayr machte seine Feldstudien an den Vögeln Neuguineas und der Salomoninseln und erkannte dabei, dass isolierte Subpopulationen oft den Rang einer Unterart hatten. Er erkannte die Verbindung zwischen diesen Unterarten und dem lokalen Klima und vermutete, dass Anpassung an die Lebensbedingungen die Ursache für die charakteristischen Merkmale war. Unter dem Einfluss von Dobzhansky erkannte Mayr, dass die lokalen Variationen als von der Auslese geformte genetische Unterschiede betrachtet werden können. In Großbritannien zeichnete unter anderen Edmund B. Ford (1901–1988) verantwortlich für die Verbindung von Feldstudien, Genetik und Evolution. Fords Werk *Mendelism and Evolution* (1931) demonstrierte, dass der von Haldane untersuchte Industrie-Melanismus keine Ausnahme war und dass das Wirken der natürlichen Auslese in der Natur mit einer Vielzahl von Beispielen bewiesen werden kann. Die Galapagos-Finken wurden in den vierziger Jahren zum Studienobjekt des einflussreichen britischen Ornithologen David Lack (1910–1973). Er identifizierte 14 Arten, die sich hauptsächlich durch ihre Schnabelform, Größe und Gefieder unterscheiden. Diese Arten sind nichtsdestotrotz in ihrer Erscheinung und ihrem Verhalten so ähnlich, dass kein Zweifel besteht, dass sie von einer einzigen ursprünglichen Art abstammen. Lack vermutete, dass die usrprünglichen Kolonisten nach und nach alle Inseln besiedelten, sich dann auseinander entwickelten und separate Arten bildeten. Vor allem Schnabelform und Körpergröße waren Anpassungen an die Nahrungs- und Konkurrenzverhältnisse auf den verschiedenen Inseln des Archipels.

Julian Huxley (1887–1975), ein Enkel von Thomas Henry Huxley, veröffentlichte 1942 das Buch *Evolution: The Modern Synthesis*, das die Erkenntnisse aus der biologischen Systematik, der Biogeographie, der Genetik und anderen Disziplinen zusammenfasste. Huxley verfolgte mit diesem einflussreichen Buch auch andere Ziele: Er wollte eine Theorie natürlicher, aber nichtsdestotrotz progressiver Evolution, welche die verschiedenen biologischen Disziplinen vereinigen kann und darüber hinaus eine Grundlage für das Verständnis des Menschen jenseits religiöser Traditionen bereitstellen sollte.

In der Paläontologie hielt sich der Widerstand gegen den Darwinismus lange. Viele Paläontologen glaubten, dass die Abfolgen der Fossilien in verschiedenen Organismengruppen parallele, progressive Entwicklungsreihen darstellen, die durch programmierte »Trends« gesteuert waren – die Zähne des Säbelzahntigers waren demnach keine Anpassung, sondern die Folge eines nicht adaptiven Trends zu großen Eckzähnen. George Gaylord Simpson (1902−1984) deutete Fossilien auf eine neue Weise. Er war überzeugt davon, dass Paläontologen die Variabilität der Fossilien unterschätzten. Was Paläontologen als verschiedene Arten betrachteten, waren laut Simpson meist Varianten einer einzigen Art. Mit dieser Betrachtungsweise verschwanden auch die gerichteten Entwicklungen bei der Abfolge der Fossilien. Simpsons *Tempo and Mode of Evolution* (1944) brachte auch die Paläontologie zurück in den Darwinismus.

Es wurde allerdings auch die Frage gestellt, ob die Vereinheitlichung tatsächlich so weit ging wie viele Vertreter der Synthese behaupteten oder ob es sich um eine rhetorische, disziplinbildende Strategie handelte, um die Bedrohung durch die ungefähr zur selben Zeit entstehende Molekularbiologie einzudämmen. In den vierziger Jahren des 20. Jahrhunderts wurde die moderne Synthese genutzt, um den Evolutionsbiologen eine professionelle Identität zu verschaffen. Die »Society for the Study of Evolution« wurde 1946 in den USA mit dem Anspruch gegründet, alle Disziplinen der Biologie auf eine noch nie da gewesene Weise zu vereinigen. Die Gründung der Gesellschaft war jedoch ein strategischer Schritt gegen die sich fast ausschließlich auf chemische und physikalische Methoden stützende experimentelle Laborbiologie, die klassische Disziplinen wie Zoologie, Botanik, Systematik und die Paläontologie zu marginalisieren drohte. In den dreißiger Jahren waren an amerikanischen Universitäten Zoologie- und Botanik-Institute durch große Institute für Biologie ersetzt worden. Disziplinäre Traditionen wurden durch diese Zusammenlegung bedroht, vor allem in der Botanik, die der Übermacht der Zoologen nichts entgegenzusetzen hatten. In den vierziger und fünfziger Jahren wurden die Biologie-Institute dann mehr und mehr von Wissenschaftlern dominiert, die biophysikalische und biochemische Methoden zum Studium des Lebens nutzten und damit die Disziplin der Molekularbiologie begründeten. Langfristig mussten auch die Erkenntnisse der Molekularbiologie in die evolutionäre Synthese integriert werden.

Die molekulare Revolution

Im Jahr 1953 veröffentlichten der forsche Amerikaner James Watson (geb. 1928) und der ältere und etwas zurückhaltendere Brite Francis Crick (geb. 1916) in der Zeitschrift *Nature* eine kurze Arbeit mit dem Titel *Molecular Structure of Nucleic Acids: A Structure of Desoxyribose Nucleic Acid*. Diese Arbeit läutete eine neue Phase in der Biologie ein. Die Entdeckung der DNA-Struktur war aber nicht nur der Beginn dieser neuen Ära, die kürzlich mit dem Humangenom-Projekt einen Höhepunkt erreichte, sondern auch gleichzeitig der Endpunkt einer jahrzehntealten Forschungstradition. Diese Forschungstradition begann mit dem Aufstieg der Biochemie an der Wende vom 19. zum 20. Jahrhundert. Eine wichtige Schlüsselfigur beim Aufstieg der Biochemie war Frederick Gowland Hopkins (1861–1947). Hopkins entdeckte die Aminosäure Tryptophan und erkannte die Bedeutung der Vitamine, wofür er den Nobelpreis erhielt. Aber viele seiner Neuerungen waren konzeptuell und methodisch. Hopkins war davon überzeugt, dass der Stoffwechsel in vielen kleinen Schritten verläuft, die durch das Wirken von Enzymen ermöglicht werden.

Hopkins war der Mentor von John Burdon Sandersen Haldane, der nicht nur in der theoretischen Populationsgenetik, sondern auch in der Biochemie und der populärwissenschaftlichen Essayistik bedeutende Leistungen erbrachte. Haldane begann in den zwanziger Jahren eine Hypothese zu entwickeln, die besagte, dass ein Gen für ein Enzym verantwortlich ist. Diese physiologische Genetik, welche die biochemische und biophysikalische Wirkungsweise von Genen aufklären wollte, fand eine institutionelle Heimstatt jedoch nicht in Großbritannien, sondern in den USA. Thomas Hunt Morgan verließ 1928 die New Yorker Columbia University und siedelte sich mit seiner

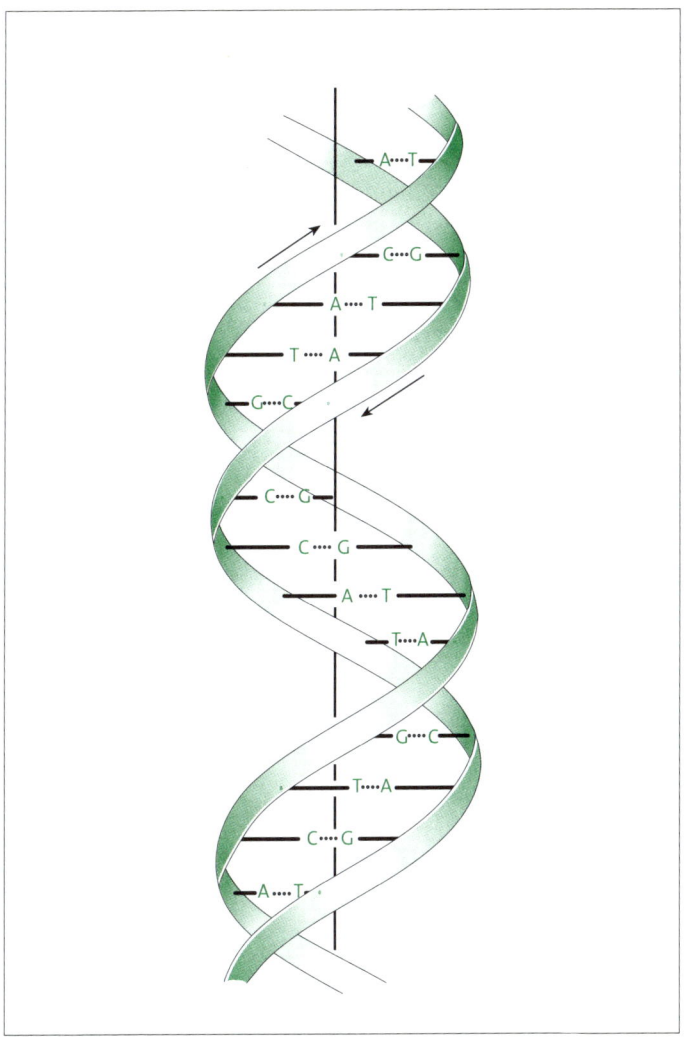

James Watsons und Francis Cricks Modell der DNA, nach einer Zeichnung von Cricks Frau Odile.

Forschungsgruppe am California Institute of Technology in Pasadena an. In Morgans Gruppe stieß der junge Genetiker George W. Beadle (1903–1989) auf einen unscheinbaren Organismus, der sich hervorragend für die biochemische Genetik eignete, den Schimmelpilz *Neurospora*. Beadle konnte später in Zusammenarbeit mit Edward Tatum (1909–1975) nachweisen, dass Haldanes Vermutung korrekt war – ein Gen ist für ein Enzym verantwortlich.

Eine neue Frage begann nun in den Vordergrund zu rücken: Welches zelluläre Material ist der Träger der genetischen Information? Salvadore Luria (1912–1991) und Max Delbrück (1906–1981) zeigten in den vierziger Jahren an Bakteriophagen – Viren, die Bakterien infizieren –, dass nur DNA oder Eiweiße in Frage kommen. Ein eindeutiger Nachweis, dass DNA die Erbsubstanz ist, gelang kurz darauf Alfred Hershey (1908–1997) und seiner Assistentin Martha Chase. Diese Entdeckung führte sofort zu einem Rennen, die Struktur der DNA herauszufinden. Eine Gruppe von Anwärtern arbeitete am California Institute of Technology, eine andere in Cambridge und London, die auf die starke britische Tradition der Röntgenkristallographie setzte. Im Londoner Labor von Maurice Wilkins (geb. 1916) machte Rosalind Franklin (1920–1958) schon 1951 Studien an DNA-Fasern. James Watson und Francis Crick betraten die Szene mit dem ausgesprochenen Ziel, den Nobelpreis für die Entdeckung der DNA-Struktur zu gewinnen. Sie entlockten Franklin wichtige Informationen, die den beiden dabei halfen, eine Struktur der DNA vorzuschlagen, welche sofort klar machte, wie sich das Molekül vervielfältigen und Informationen speichern kann. In der Mitte der sechziger Jahre hatte sich das Bild vervollständigt, und es war jetzt klar, wie genetische Information in aktive Eiweiße, beispielsweise Enzyme übersetzt wird: die vier Buchstaben des Genoms, A, T, G und C, bestimmen in Dreiergruppen, so genannten »Codons«, Bausteine der Eiweiße – eine Abfolge von Codons legt also eindeutig die Aminosäureabfolge eines Eiweißes fest.

Die molekulare Revolution hielt einige Herausforderungen für die moderne Synthese bereit. Molekulare Daten konnten genutzt werden, um Verwandtschaftsverhältnisse von Organismengruppen aufzuzeigen und um Stammbäume zu rekonstruieren. Oft waren die Ergebnisse dieser molekularen Studien nicht mit morphologischen oder paläontologischen Erkenntnissen vereinbar. Mit fortschreitender Zeit hat sich jedoch ein Kompromiss herausgeschält, der beide Datenquellen als komplementär betrachtet, molekularen Daten im Zweifelsfall aber meist mehr Gewicht einräumt.

Eine bedeutende Herausforderung an die Evolutionsgenetik formulierte in den sechziger Jahren der japanische Populationsgenetiker Motoo Kimura (1924–1994). Kimuras »neutrale Theorie der Eiweiß-Evolution« zeigte, dass der Ersatz von Aminosäuren in Eiweißen viel zu regelmäßig geschieht, als dass dies mit der natürlichen Auslese der Eiweißfunktion erklärt werden könne. Auf der molekularen Ebene sei der Wandel zu einem großen Teil neutral, das heißt von Zufallsereignissen und nicht von der Auslese getrieben. Kimuras Arbeiten führten zu einer Reform der darwinschen Tradition. Zuvor galt die Regel, dass kein Wandel geschieht, wenn nicht die Auslese wirkt. Nun gilt, dass – wenigstens bei DNA-Sequenzen und Eiweißen – Wandel regelmäßig und häufig geschieht. Die klassische, auf Darwin zurückgehende Vorstellung ist, dass langsamer, schrittweiser Wandel von der natürlichen Auslese verursacht wird. Auf der molekularen Ebene gilt jedoch, dass ein solcher Wandel von »neutralen« Mechanismen verursacht ist und die Auslese dafür sorgt, dass der neutrale Wandel beschleunigt oder abgebremst wird.

Die revolutionäre Idee des »egoistischen Gens« stellte schließlich die Zentralität des Gesamtorganismus in seiner Wechselwirkung mit der Umwelt in Frage. Vor allem Naturforschern wie Ernst Mayr war die Vorstellung einer reduktionistischen, auf Ronald Fisher zurückgehenden »Bohnensack-Genetik« immer zuwider. George C. Williams (geb. 1926) stellte in seinem einflussreichen Buch *Adaptation and*

Natural Selection (1966) die Forderung auf, Anpassungen immer zuerst aus der Perspektive von Genen zu betrachten, da Erklärungen auf dieser Ebene grundlegender seien. Richard Dawkins (geb. 1941) verteidigte Ronald Fishers Annahme, jedem einzelnen Gen könne ein selektiver Wert zugeordnet werden, der sein evolutives Schicksal bestimmt. Dawkins betonte besonders, dass DNA die einzigartige Fähigkeit habe, sich selbst zu kopieren und gleichzeitig Eigenschaften habe, die den Kopiererfolg beeinflussen. »Replikatoren« wie die Erbsubstanz DNA seien die wichtigen Akteure in der Evolution, nicht »Vehikel« wie Organismen, die nur eine kurze Zeit existieren und keine exakten Kopien von sich hinterlassen. Vehikel wechselwirken auf der ökologischen Bühne miteinander, doch den Nutzen aus dieser Wechselwirkung haben ausschließlich die Gene. Evolution muss langsam und schrittweise geschehen. Die einzigen materiellen Einheiten, die genügend lange existieren können, um diesen langsamen Prozess tragen zu können, sind Gene. Auslese muss daher auf diese dauerhaften Gene wirken und nicht die temporären Vehikel.

Dawkins' Begriff »Vehikel« ist jedoch nicht notwendigerweise auf individuelle Organismen beschränkt. Einige Evolutionsbiologen haben in den vergangenen Jahren darauf hingewiesen, dass andere Ebenen der biologischen Organisation auch Eigenschaften von Vehikeln aufweisen und daher von der Auslese geformt sein können. Nicht nur einzelne Organismen haben Anpassungen, weil diese der Vermehrung egoistischer Gene nutzen; auch Gruppen oder Arten können Träger von Anpassungen sein – Nutznießer sind aber nichtsdestotrotz Gene. Theorien der hierarchischen Evolution, die Organismengruppen oder Arten betrachten, sind noch nicht allgemein anerkannt, finden aber immer mehr Interesse und Anhänger.

Die moderne Synthese hat sich als flexibel genug erwiesen, diese und andere Herausforderungen zu beantworten und schließlich in ihre Gesamtstruktur zu integrieren. Doch diese Flexibilität und disziplinäre Breite lässt zu, dass sich unter dem Dachbegriff »Darwinismus« recht unterschiedliche Deutungen des Evolutionsprozesses heimisch fühlen können, ohne dass allzu viel kommuniziert wird: Evolutionär gesinnte Molekularbiologen reden meist ausschließlich mit anderen Molekularbiologen, nur wenige Soziobiologen verstehen viel von der Molekulargenetik, und auch Paläontologen fühlen sich unter Fachkollegen am wohlsten. Doch trotz – oder wegen ? – dieser disziplinären Aufteilungen kommen immer wieder Spannungen auf.

GEGENWART UND ZUKUNFT DES DARWINISMUS

Die sich auf Darwins Lehre berufende Evolutionsbiologie hat längst ihre Reife erreicht: es gibt zahlreiche Fachzeitschriften, Universitätsinstitute, Konferenzen und professionelle Vereinigungen. Ob die Evolutionsbiologie aber streng genommen als eine Disziplin bezeichnet werden darf, ist nicht leicht zu beantworten. Die Theorie Darwins und der modernen Synthese bietet möglicherweise eher eine Forschungsperspektive und einen Erklärungsrahmen, der in verschiedenen Disziplinen genutzt werden kann. So gibt es die großen Felder der evolutionären Ökologie und der evolutionären molekularen Genetik, die Paläontologie hat notwendigerweise eine evolutionäre Perspektive, die **Soziobiologie und die evolutionäre Psychologie** erregen S. 98 mit ihren Erklärungen menschlichen Verhaltens immer wieder die Gemüter, und auch eine evolutionäre Medizin lässt immer häufiger von sich hören.

Diese Diversität der Forschungstraditionen hat noch keine Langeweile in der Evolutionsbiologie aufkommen lassen. Die grundsätzliche Akzeptanz von gemeinsamer Abstammung und Wandel durch natürliche Auslese lässt immer noch viel Raum für kontroverse Debatten. Diese Auseinandersetzungen spielen sich vor verschiedenen Audienzen ab. Die breite Öffentlichkeit nimmt seit vielen Jahren Anteil an der Auseinandersetzung zwischen Stephen Jay Gould und Richard Dawkins, in deren Verlauf viele grundlegende Probleme der Evolutionsbiologie und ihre über die Biologie hinausreichenden Bedeutungen zur Sprache gebracht werden. Produziert die Evolution optimierte Anpassungen? Welche Merkmale können überhaupt als Anpassungen gelten? Wie notwendig oder zufällig ist der Verlauf der Evolution? Welche Rolle spielt Wissenschaft in der Gesellschaft und für das menschliche Selbstverständnis? Kann menschliches Verhalten als evolutive Anpassung gedeutet werden? Nur verhältnismäßig wenig nach außen gedrungen ist jedoch eine Entwicklung, welche in der nahen Zukunft durchaus eine neue evolutionäre Synthese einläuten kann: Die Rückkehr der Entwicklungsbiologie in die Evolutionsbiologie. Eine sehr interessante Entwicklung ist der Versuch, Formen des Lamarckismus in die darwinistische Evolutionsbiologie einzubringen. **Der neue Lamarckismus** ist umstritten, wird aber ernsthaft debattiert.

S. 100

Die grundsätzliche Unumstrittenheit von Darwins Lehre und ihre fortschreitende, aber nicht konfliktfreie Erweiterung darf allerdings nicht die Einsicht verdrängen, dass in manchen Kreisen immer noch eine tief greifende Feindschaft gegenüber der Evolutionsbiologie besteht. Seit einigen Jahren verschafft sich beispielsweise eine neue Gruppe von Gegnern der Evolutionstheorie immer mehr Gehör – **die neuen Naturtheologen**, die Fürsprecher des »intelligent design«.

S. 104

Zufall und Notwendigkeit

Die modernen Naturwissenschaften bieten nur allzu häufig nicht gerade ein Bild harmonischen Zusammenarbeitens im Dienste der Wahrheit. Die Biologie kann bedauerlicherweise besonders viele Beispiele hitziger Debatten vorweisen. In den dreißiger und vierziger Jahren des 20. Jahrhunderts waren zum Beispiel J. B. S. Haldane und Ronald Fisher derart zerstritten, dass ihre Studenten nicht miteinander reden durften. Ein solches Verhalten war charakteristisch für Fisher. Er ging keinen Auseinandersetzungen aus dem Weg – seine Debatte mit Sewall Wright beschäftigt Genetiker und Wissenschaftshistoriker noch heute. Diese Debatten blieben aber meist auf die involvierten Wissenschaftler und Fachkollegen beschränkt. Wenn die breite Öffentlichkeit vor dem Zweiten Weltkrieg Kontroverses über die Evolutionsbiologie mitbekam, dann ging es meist darum, ob der Darwinismus überhaupt Gültigkeit beanspruchen kann oder nicht.

Kontroversen innerhalb des weiten Feldes der akademischen Evolutionsbiologie brechen immer wieder aus – so erfreuen sich Mechanismen der Artbildung seit einigen Jahren wieder erhöhter, kontroverser Aufmerksamkeit. Doch seit den sechziger Jahren werden auch Debatten, die innerhalb des darwinistischen Forschungsumfeldes entstanden sind, öffentlich. Eine Ursache dafür dürfte der Aufstieg der Soziobiologie sein, die eine Vielzahl menschlicher Verhaltensweisen zu biologisieren versuchte. In der Debatte um die Soziobiologie wurde deutlich, wie viele Deutungen biologischer Phänomene, nicht nur des Sozialverhaltens, der moderne Darwinismus zulässt. Die zeitgenössischen Deutungsmöglichkeiten des Darwinismus werden am besten von Richard Dawkins und Stephen Jay Gould personifiziert, die seit den siebziger Jahren mit ihren Schriften ein breites Publikum erreichen. Allerdings muss beachtet werden, dass viele praktizierende Evolutionsbiologen wahrscheinlich eine Haltung einnehmen, die einen Kompromiss zwischen Gould und Dawkins darstellt. Gould und Dawkins haben wohl beide erkannt, dass extreme Positionen sich besser verkaufen.

Richard Dawkins' Sicht lässt sich wie folgt zusammenfassen: Die Auslese wirkt auf Abstammungslinien von Replikatoren. Die meisten Replikatoren sind Gene, das heißt Stücke von DNA. Es gibt noch eine andere Klasse von Replikatoren, die Meme. Diese Meme sind die grundlegenden Einheiten der **kulturellen Evolution** und spielen eine `S.107` Rolle bei Organismen, die des sozialen Lernens und der Imitation

67

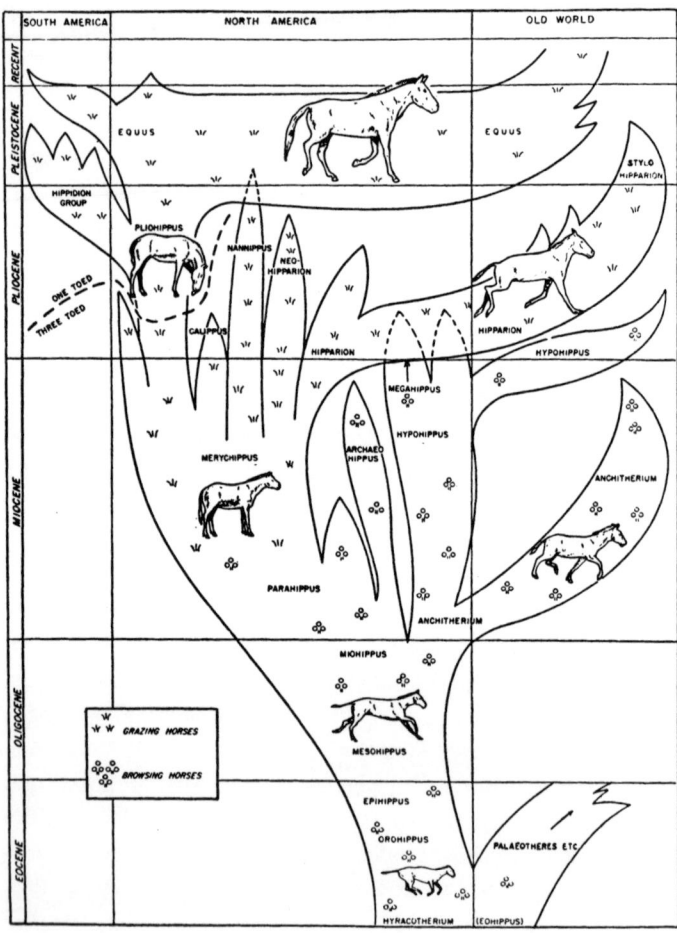

Der Stammbaum der Pferde nach Simpson, 1951

fähig sind. Gene konkurrieren, indem sie Allianzen bilden und »Vehikel«, das heißt Organismen, bauen. Der evolutionäre Erfolg oder Misserfolg eines Gens entscheidet sich durch seine wiederholbare und kontextunabhängige Wirkung auf das Vehikel. Der Kontext eines Gens wird bestimmt durch alle anderen Gene im Genom und durch die Umweltbedingungen. Ein Gen, das in jeder Generation die Wahrnehmungsfähigkeit, die Stoffwechseleffizienz oder sexuelle Attraktivität eines Organismus erhöht, hat einen Replikationsvorteil gegenüber weniger wirkungsvollen Konkurrenten – Organismen, in denen solche Gene stecken, haben bessere Überlebens- und Fortpflanzungschancen als Organismen, die ohne diese Gene auskommen müssen, und sorgen somit dafür, dass die vorteilhaften Gene in der nächsten Generation in zusätzlichen Kopien vorliegen. Dawkins steht hier ganz in der Tradition des genetischen Atomismus von Ronald Fisher – Populationen sind normalerweise so groß, dass die Wirkung eines Gens in Kombination mit einer Vielzahl anderer Gene getestet wird. Gene können sich darauf verlassen, nicht nur mit einer kontingenten Stichprobe der verfügbaren Gene zu interagieren, und daher kann die natürliche Auslese die Wirkung eines Gens ohne einschränkende Randbedingungen testen.

Die alles überragende Bedeutung der natürlichen Auslese spiegelt sich auch in der langfristigen Geschichte des Lebens wider: Die Auslese bestimmt den Wandel von Organismen in vergleichsweise kurzen Zeiträumen, doch dieser Wandel kann problemlos auf viel längere Zeiträume ausgedehnt werden – Makroevolution ist daher nur eine Folge der Mikroevolution, keine zusätzlichen erklärenden Prinzipien werden benötigt. Die evolutionäre Geschichte der Pferde kann diesen Punkt illustrieren: Die Vorfahren der heutigen Pferde waren Waldbewohner. Ein Klimawechsel führte zur Entstehung von großen grasbestandenen Ebenen und die Evolution hatte damit Gelegenheit, die Pferde an diesen neuen Lebensraum anzupassen. Daher sind alle heutigen Pferdearten Bewohner von Lebensräumen, die von Gräsern dominiert sind.

Die natürliche Auslese ist das zentrale Erklärungsprinzip und Gene sind die wichtigsten Replikatoren. Ein Vehikel muss aber nicht notwendigerweise ein individueller Organismus sein. Dawkins hat sich in den vergangenen Jahren einigen seiner Kritiker in diesem Punkt angenähert und gesteht zu, dass auch Gruppen von Organismen Vehikel sein können. Seine Vermutung ist jedoch, dass solche Gruppenanpassungen nur äußerst selten anzutreffen sind.

In einem Punkt ist Dawkins ganz einer angelsächsischen Tradition verpflichtet: Jede Evolutionstheorie muss zuallererst das Problem der Anpassung lösen können. Hier akzeptiert Dawkins die Vorgaben, die schon von den Naturtheologen wie Paley und Whewell formuliert wurden. Dem Menschen räumt Dawkins eine gemäßigte Sonderstellung ein – der Mensch ist nicht nur ein Vehikel für Gene, sondern auch für Meme. Sie sind die Selektionseinheiten der kulturellen Evolution, die sich ebenfalls replizieren und mutieren können. Auch für Menschen gelten die Erklärungsmuster der Evolutionsbiologie, denn nicht nur Gene, auch Meme sind egoistisch. Richard Dawkins versteht sich auch als Kämpfer für »die« Wissenschaft: Sie ist für ihn ein aufklärerisches Unternehmen, das eine wahre, vollständige und ästhetisch befriedigende Beschreibung der Wirklichkeit anbietet.

Stephen Jay Gould nimmt zu vielen dieser Punkte eine völlig andere Haltung ein. Die natürliche Auslese ist ein wichtiger Mechanismus in der Evolution, aber sie setzt nicht nur auf der Ebene der Gene an. Gould vertritt die Auffassung, dass Gene keine konstante Wirkung auf die Gestalt haben. Die Wirkung von Genen sei viel zu abhängig vom Kontext anderer Gene und der Umwelt. Die Mutation im Gen für den Blutfarbstoff Hämoglobin, die die so genannte Sichelzellenanämie verursacht, ist nicht notwendigerweise schädlich. In Gebieten mit Malaria bietet diese Mutation Schutz gegen eine Infektion und ist sogar von Vorteil (aber nur wenn sie in einem Individuum zusammen mit dem intakten Gen vorkommt). Mutationen in einer Vielzahl von anderen Genen können die nachteiligen Wirkungen des defekten Hämoglobins modifizieren. Die atomistische Genauslese könne daher nichts wirklich Nützliches über den Verlauf der

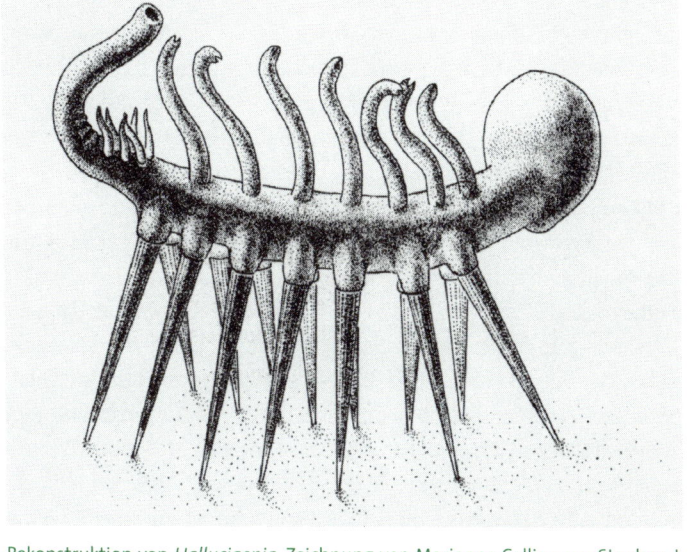

Rekonstruktion von *Hallucigenia*. Zeichnung von Marianne Collins aus Stephen J. Goulds *Wonderful Life: The Burgess Shale and the Nature of History*, 1989.

Evolution aussagen, wenn solche Muster eher die Regel als die Ausnahme sind. Gould verteidigt **Alternativen zur Genauslese**. Es können beispielsweise auch Arten ausgelesen werden: Weil manche Arten ein großes Verbreitungsgebiet haben, sind sie weniger anfällig für katastrophale Änderungen in der Umwelt und können daher im Verlauf der Evolution mehr neue Arten hinterlassen, die ähnlich robuste Eigenschaften haben. Die Struktur des »Baums des Lebens« ist daher nicht hauptsächlich vom Wirken der natürlichen Auslese auf egoistische Gene bestimmt. Auslese auf anderen Ebenen und historische Einzelereignisse wie Meteoriteneinschläge und weltweite Klimaänderungen hinterlassen ebenfalls deutliche Spuren.

Die Evolution der Pferde lässt sich nicht allein mit der erfolgreichen Anpassung an einen neuen Lebensraum verstehen. Für Gould ist das

S.109

zeitgenössische Muster von Arten, die ausschließlich in grasbestandenen Lebensräumen vorkommen, vor allem eine Folge des Aussterbens von Pferdearten, die nicht in grasbestandenen Lebensräumen leben. Das »Abschneiden« dieser Äste vom »Baum des Lebens« hat nichts mit besserer Eignung zu tun. Zufallsereignisse wie Episoden von Massenaussterben durch die schon erwähnten Meteoriteneinschläge oder Klimakatastrophen und nicht die Notwendigkeit der Anpassung durch Auslese sind dafür verantwortlich, dass es heute Pferde ausschließlich in grasbestandenen Lebensräumen gibt. Gould findet weitere Belege für seine Haltung in der Fauna des kanadischen Burgess-Schiefers. Diese ungewöhnlichen Fossilien dokumentieren eine ungemein diverse Tierwelt im mittleren Kambrium vor etwa 520 Millionen Jahren. Viele dieser fossilen Tiere können keinem zeitgenössischen Phylum zugeordnet werden. Der »Baum des Lebens« war in dieser Epoche ungemein verzweigt, viele dieser Äste wurden jedoch später offenbar abgeschnitten und hinterließen keine Nachkommen. Gould vermutet, dass die natürliche Auslese nicht das Verschwinden oder Überleben dieser Gruppen erklären kann – Zufall, nicht Notwendigkeit sei die Triebkraft der Makroevolution.

Goulds Blick auf die Rolle der Wissenschaft ist weit kritischer als der von Dawkins. In vielen Arbeiten hat Gould dargestellt, wie ideologische Vorurteile biologische Theorien beeinflusst haben. Gould ist davon überzeugt, dass Wissenschaft auf neue Daten reagiert und sie verarbeitet, aber oft nicht sofort oder nur unvollständig. Wissenschaft kann nicht nur befreiend, sondern auch ein dauerhaftes Mittel der Unterdrückung sein.

Dawkins und Gould sind in ihren Debatten auch Repräsentanten nationaler und disziplinärer Traditionen. Dawkins ist ein Schüler Niko Tinbergens (1907–1988), eines Mitbegründers der vergleichenden Verhaltensforschung. Diese Disziplin und ihre in Großbritannien begründete Nachfolgerin, die Verhaltensökologie, interessieren sich fast ausschließlich für Verhalten als Anpassung. Diese Betonung der Anpassung geht wiederum zurück auf die britische Tradition der Naturtheologie. Seit Darwin muss jeder britische Evolutionsbiologe eine Antwort auf das Problem der »Gestaltung« geben können. Gould ist hingegen ein Paläontologe und Geologe. Fossilien rücken den Blick der Wissenschaftler mehr auf die anatomische Gestalt und lassen Fragen der Anpassung in den Hintergrund rücken. In dieser Tradition steht der Gestaltwandel im Vordergrund und die Frage nach den Faktoren und Prozessen, die ihn ermöglichen oder einschränken.

Die Themen, die in der Debatte zwischen Gould und Dawkins und ihren Mitstreitern angesprochen werden, betreffen wichtige Punkte des menschlichen Selbstverständnisses. So verführt Dawkins' Betonung von Genen dazu, dem Erbmaterial eine große Bedeutung bei der Formung der individuellen Identität zuzuschreiben. Goulds Haltung spricht den Genen weitaus weniger Macht zu. Beide Positionen beziehen somit, wenn auch oft unausgesprochen, Position zur Bedeutung der Entwicklungsbiologie. Richard Dawkins geht davon aus, dass genetische Unterschiede sich zuverlässig und konsistent in der Gestalt widerspiegeln. Gould beurteilt das Verhältnis von Genen zur Gestalt und zum Verhalten von Organismen als weitaus komplexer – Gene haben mit ihrer kontextabhängigen Wirkung nur selten ein klares und eindeutiges Verhältnis zum Phänotyp. Eine Berücksichtigung der Entwicklungsbiologie, die – wie schon dargestellt – keinen wesentlichen Beitrag zum modernen Darwinismus geleistet hat, kann daher wichtige neue Aspekte in alte Debatten einbringen.

Entwicklungsbiologie und Evolution – eine neue Synthese?

Die Evolutionsbiologie der »Modernen Synthese« untersucht die Ausformung und Geschichte von Anpassungen, die das Überleben und die Fortpflanzung des am besten geeigneten Organismus sichern (»survival of the fittest«). Auf welche Art und Weise betritt aber der

Homeotische Mutanten der *Drosophila melanogaster*. Normales Exemplar (o.), Exemplar mit zweitem Flügelpaar (o.r.) und ein *Antennapedia*-Mutant (r.) mit Beinpaar an Stelle der Antennen.

noch nicht vollständig geeignete Organismus die Bühne (»arrival of the fittest«)? Die evolutionäre Morphologie mit ihrer Theorie der Rekapitulation konnte auf diese Frage eine recht einfache Antwort geben: Neue Stadien werden einfach an bestehende Entwicklungsreihen angehängt. Die Entdeckung von Chromosomen und die Erkenntnis, dass diese Strukturen im Zellkern die materiellen Träger des Erbmaterials sind, brachte Biologen, die sich mit der Individualentwicklung beschäftigten, in einen Erklärungsnotstand: Weder die evolutionären Morphologen noch die Entwicklungsmechaniker konnten beantworten, wie das Erbmaterial die Entwicklung steuert oder zu ihr beiträgt. Auf welche Weise Änderungen des Erbmaterials Änderungen der Gestalt hervorrufen, blieb ebenso rätselhaft. Wie schon dargestellt, bildete sich zu Beginn des 20. Jahrhunderts eine Arbeitsteilung heraus: Evolutionsbiologen beschäftigten sich mit der Weitergabe des Erbmaterials und Entwicklungsbiologen untersuchten die Individualentwicklung, ohne auf das Erbmaterial als erklärendem Kausalfaktor zurückgreifen zu müssen.

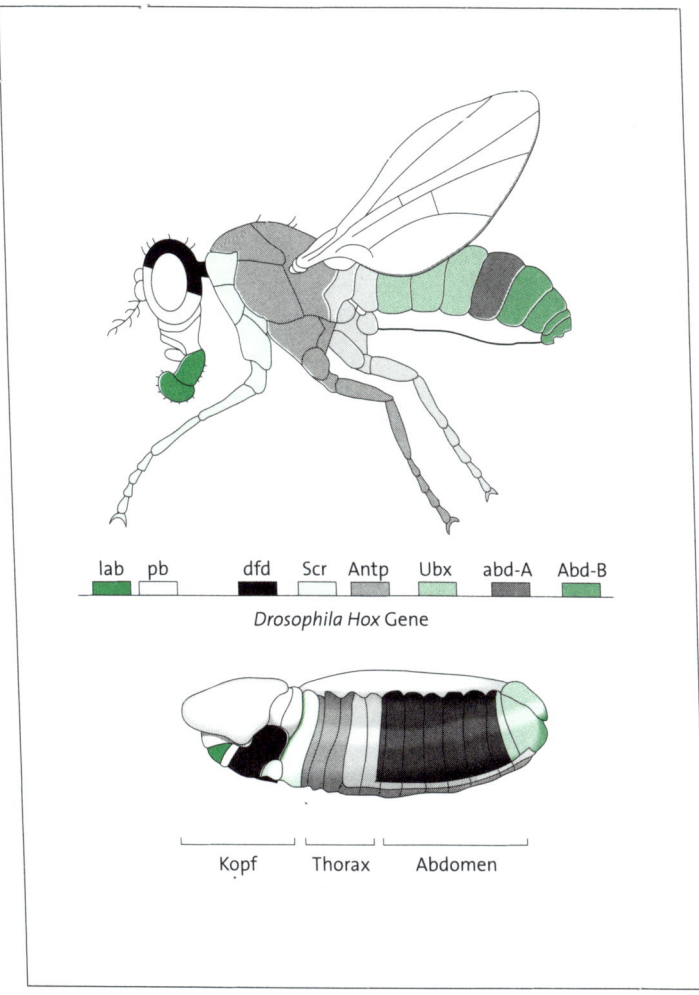

lab   pb   dfd   Scr   Antp   Ubx   abd-A   Abd-B

Drosophila Hox Gene

Kopf   Thorax   Abdomen

Die *Hox*-Gene der Taufliege *Drosophila*. Die räumliche Anordnung der Gene auf dem Chromosom entspricht der Abfolge ihrer Wirkungsbereiche im embryonalen und erwachsenen Körper.

Erst die molekulare Revolution und die aus ihr resultierenden Methoden erlaubten das Studium der molekularen Mechanismen der Individualentwicklung. Eine der überraschendsten Erkenntnisse dieser Forschungen war, dass nahezu alle mehrzelligen Tiere sich einen gemeinsamen genetischen »Werkzeugkasten« teilen, der beim Bau der Individuen wichtige Prozesse steuert. Diese Gene produzieren meist Eiweiße, die sich an die DNA binden und somit die Aktivität anderer Gene steuern. Das Insekten-Gen *eyeless*, das Maus-Gen *Pax-6* und das menschliche *Aniridia*-Gen sind nah miteinander verwandt und spielen bei jedem dieser Organismen eine Rolle bei der Entwicklung lichtempfindlicher Zellen. Noch interessanter sind die so genannten *Hox*-Gene. Mutationen dieser Gene beschrieb schon William Bateson – ohne natürlich diese Gene zu kennen. Bateson fand bei der Taufliege *Drosophila* und bei Wirbeltieren Mutationen, die dazu führten, dass die Identität eines Körpersegmentes verändert wird. Bei der Taufliege wächst dann beispielsweise eine beinähnliche Struktur, wo eigentlich eine Antenne sein sollte. Bateson nannte diese Mutationen »Homeosis«. *Hox*-Gene sind Bestandteile komplexer genetischer Schaltkreise, welche die Identität von Körpersegmenten festlegen. So ist normalerweise das nur in den sich entwickelnden Beinen aktive *Antennapedia*-Gen in den Antennen ausgeschaltet. Mutationen in Genen, die Eiweiße herstellen, welche *Antennapedia* in den Antennen normalerweise blockieren, können nun dazu führen, dass dieses Gen am falschen Ort aktiv wird. In der Folge bilden sich Beine, wo eigentlich Antennen hingehören.

Bei *Drosophila* konnten acht *Hox*-Gene identifiziert werden, die in zwei Gruppen auf einem Chromosom liegen. Interessanterweise entspricht die Abfolge der *Hox*-Gene der Abfolge der Körpersegmente, die sie beeinflussen: Der *Hox*-Genkomplex beginnt mit dem Gen *labial*, das in Lippen des Fliegenmundes aktiv ist, und endet mit *Abdominal-B*, das in den hintersten Körpersegmenten wirkt. Bei Wirbeltieren gibt es hingegen 39 *Hox*-Gene, die in vier Gruppen auf ebenso vielen Chromosomen verteilt sind. Sie steuern ebenfalls die Entwicklung sich wiederholender, aber regional differenzierter Strukturen wie beispielsweise den Wirbeln.

Die Erkenntnisse der molekularen Entwicklungsbiologie machen in den Augen einer wachsenden Anzahl von Biologen eine Revision der »Modernen Synthese« notwendig. Diese arbeitet nämlich mit einem Bild der Genwirkung während der Individualentwicklung, das der Vorstellung von Genhäufigkeitsänderungen im Laufe der Evolution entspricht: Während der Evolution werden Genhäufigkeiten langsam und schrittweise geändert, in der Individualentwicklung werden nach und nach Gene ein- und ausgeschaltet, bis alle Gewebe und Zellen differenziert sind. Dieses Bild berücksichtigt nicht, dass Gene während der Individualentwicklung in komplexen, hierarchisch organisierten Schaltkreisen wirken.

Kann aber die genaue Analyse dieser genetischen Schaltkreise die erwünschte Synthese zwischen Evolutions- und Entwicklungsbiologie bringen? Die molekulare Entwicklungsbiologie erlaubt einen Einblick in die Evolution der genetischen »Werkzeuge«, die beim Bau verschiedener Organismen beteiligt sind; sie kann beispielsweise das evolutive Schicksal der *Hox*-Gene rekonstruieren. Die neuen molekularbiologischen Methoden erlauben somit ein Studium der Evolution der Individualentwicklung. Eine neue Ebene der biologischen Organisation kann mit ungeahnter Präzision untersucht werden. Für manche Biologen bedeuten diese Fortschritte jedoch noch nicht die lang ersehnte Synthese zwischen Evolutions- und Entwicklungsbiologie, da entwicklungsbiologische Mechanismen immer noch keine erklärende Rolle im Evolutionsgeschehen einnehmen. Die auf Ronald Fishers genetischem Atomismus beruhende klassische Populationsgenetik nimmt immer noch einen zentralen Platz in der »Modernen Synthese« ein, und diese Disziplin hat keine Werkzeuge zur Verfügung, die Erkenntnisse der molekularen Entwicklungsbiologie befriedigend zu integrieren.

Die klassische Populationsgenetik gilt seit der »Modernen Synthese« als der Rahmen, in dem der zeitliche Verlauf der Evolution idealerweise erklärt werden muss. Vertreter dieser Disziplin erstellen mathematische Modelle, die abschätzen, wie das Schicksal eines Gens in einer Population aussieht: Wenn ein Gen einen Organismus mit einem vorteilhaften Merkmal ausstattet, dann wird dieses Gen an Häufigkeit zunehmen und schließlich alle weniger geeigneten Konkurrenten für diesen Genort verdrängen. Doch können mit den Mitteln dieser abstrakten Disziplin evolutive Neuerungen erklärt werden? Kann die Populationsgenetik beispielsweise erklären, wie Augenflecke auf Schmetterlingsflügeln entstanden sind? Ein Populationsgenetiker würde diese Frage wahrscheinlich so beantworten: Irgendwann tauchten bei Schmetterlingen bei einem oder mehreren Genen neue Allele auf. Dieses Allel oder eine Allelkombination verursachte ein neues Augenmuster auf den Flügeln. Dieses Muster wirkte glücklicherweise abschreckend auf räuberische Vögel. Schmetterlinge mit diesen Allelen für Augenflecke überlebten länger als Individuen ohne Augenflecke und hatten einen größeren Fortpflanzungserfolg. Dieser Auslesevorteil bedeutete, dass die Allele für Augenflecke alle anderen Genversionen verdrängen konnten.

Dieses Szenario ist plausibel, trifft aber leider nicht zu. Denn es geht davon aus, dass der Entwicklungsmechanismus der Augenflecke, der Weg vom Genotyp zum Phänotyp, unwichtig für den Verlauf der Evolution ist; alles was von Bedeutung ist, ist die Änderung von Genhäufigkeiten, nicht wie der Genotyp in den Phänotyp »übersetzt« wird. Für manche Merkmale mag dies zutreffen, jedoch nicht für die Augenflecke der Schmetterlinge. Diese werden im Laufe der Individualentwicklung von einer kleinen Gruppe von Zellen, dem so genannten »Augenfleck-Organisator«, verursacht. Diese Zellen regen umliegende Zellen dazu an, Pigmente zu bilden. Untersuchungen haben gezeigt, dass Gene, die bei der Taufliege die Vorder- und Rückseite des Flügels festlegen, bei Schmetterlingen für die Ausbildung

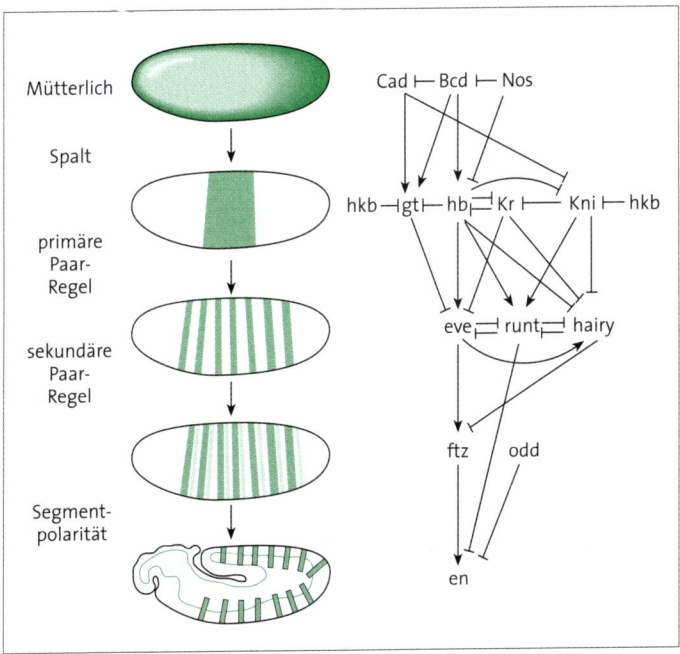

Wechselwirkungen zwischen Entwicklungs-Genen beim *Drosophila*-Embryo, welche die Organisation der Körperlängsachse festlegen. Ein Pfeil symbolisiert eine Aktivierung, der Strich am Ende eine Hemmung. Die erste Ebene in der Hierarchie sind Genprodukte, die von der Mutter im Ei abgelegt werden und die Vorder- und Hinterseite der sich entwickelnden Fliege bestimmen. Diese Gene regulieren aber auch die nächste Ebene, die so genannten Spalt-Gene, deren Aktivität den Embryo in drei große Regionen einteilt. Die folgenden beiden Ebenen, die primären und sekundären Paarregel-Gene teilen den Embryo in zuerst 7, dann 14 Segmente ein. Segment-Polaritäts-Gene legen schließlich die Vorder- und Hinterseite jedes Segmentes fest.

des Augenfleck-Organisators verantwortlich sind. Bei Schmetterlingen nehmen diese Gene auch die Aufgabe wahr, die Achse des Flügels festzulegen, aber sie haben darüber hinaus noch die Aufgabe der Augenfleckbildung übernommen. Nur zwei genetische Änderungen in dem regulatorischen Schaltkreis waren nötig, um ihn zur Bildung der Augenflecke zu befähigen.

Forschungen an den Augenflecken von Schmetterlingen fordern auch die Theorie des egoistischen Gens heraus. Diese Theorie beruht darauf, dass Gene eine gleichbleibende Wirkung auf den Phänotyp ausüben; dann kann dieser Phänotyp sich im »Überlebenskampf« beweisen und das Gen sichert durch seine gleichbleibende Wirkung auf den Phänotyp seine Weitergabe und Vermehrung. Bestandteile des Phänotyps sind also nur temporäre Stellvertreter für dauerhafte Gene. Die Pigmente in den Augenflecken werden jedoch durch ein Netzwerk biochemischer Reaktionen gebildet. Jeder Schritt in diesem Netz wird durch ein Enzym ermöglicht und jedes Enzym wird von einem Gen gebildet. Der Augenfleck dient der Abschreckung von Räubern, also sollte eine bestimmte Genversion an einem dieser Genorte, oder eine feste Kombination von Genversionen, Nutznießer des Phänotyps sein. Eine mathematische Simulation dieses Systems zeigt aber ein interessantes abweichendes Ergebnis: Wird der Verlauf der Evolution des Augenfleckes berechnet, zeigt sich, dass der Phänotyp einen regelmäßigen, langsamen Wandel durchläuft, auf der Ebene der Gene jedoch ein wildes Durcheinander herrscht: Zu einem Zeitpunkt etabliert sich an einem Genort eine neue Genversion, zu einer anderen Zeit an einem anderen Genort. Im Verlauf der Evolution gibt es also weder ein einziges Gen noch eine feste Kombination, die der Nutznießer sein können. Eine radikale Deutung dieser Ergebnisse ist, dass das Merkmal Nutznießer des evolutiven Wandels ist und die Gene nur austauschbare Werkzeuge zur Herstellung des »fitten« Phänotyps sind. Diese Erkenntnisse problematisieren das

S. 112

Verhältnis von **molekularen und evolutionären Genen**.

Die Evolution des Augenfleck-Organisators und die Biochemie der Pigmentherstellung demonstrieren eine wichtige Tatsache: Das Verhältnis von Genotyp zu Phänotyp kann sich mit dem Auftauchen einer Neuerung und im Laufe ihrer evolutiven Ausarbeitung grund-

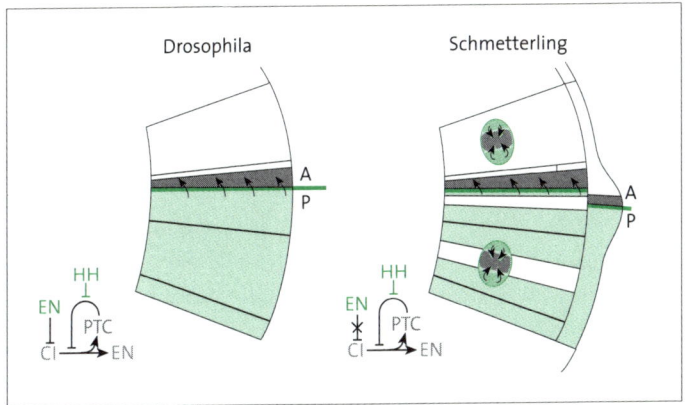

Modell für die Rekrutierung des von dem Gen *hedgehog* (HH) gesteuerten Signalsystems zur Bildung von Augenflecken bei Schmetterlingen. Die Signalkette sorgt normalerweise dafür, dass die Produkte der Gene *patched* (PTC) und *cubitus interruptus* (CI) nur an der Grenze zwischen Vorder- und Hinterteil des embryonalen Insektenflügels zu finden sind (links). Bei Schmetterlingsflügeln entstanden jedoch lokalisierte Zellgruppen außerhalb dieses Grenzbereiches, in denen *hedgehog* sehr aktiv ist. Zusammen mit der Unterbindung eines hemmenden Einflusses des Genes *engrailed* (EN) auf *cubitus interruptus* können sich auch in diesen kleinen Zellgruppen die Produkte von *patched* und *cubitus interruptus* ansammeln. Diese Genprodukte markieren die Zentren der künftigen Augenflecke (rechts).

legend ändern. Die Werkzeuge der Populationsgenetik sind in einer solchen Situation nutzlos. Zwischen Genotyp und Phänotyp sind Entwicklungsmechanismen zwischengeschaltet, die in vielen Fällen berücksichtigt werden müssen, um den Verlauf der Evolution zu verstehen. Die in den vergangenen Jahren entstandene **Theorie der Entwicklungssysteme** versucht das Verhältnis zwischen Genen und anderen Faktoren in der Individualentwicklung neu zu deuten.

S. 117

Die Entwicklung einer Populationsgenetik regulatorischer Gene und eine Berücksichtigung der Entwicklungsmechanismen sind große, nur in Ansätzen gelöste Herausforderungen, vor denen die moderne Evolutionsbiologie steht.

VERTIEFUNGEN

Wissenschaft und Religion im 19. Jahrhundert

Naturwissenschaften berufen sich auf unpersönliche Ursachen und Kräfte und gründen ihre vorläufigen und falsifizierbaren Schlussfolgerungen auf experimentelle Tests, während Religion auf persönlich eingreifende Götter, Geister oder Dämonen vertraut und auf intoleranten Dogmatismus aufbaut. So lauten einige der Punkte, die immer wieder den Gegensatz von Wissenschaft und Religion illustrieren sollen. Diese Beschreibung fasst den Standpunkt einer einflussreichen historiographischen Tradition zusammen – Wissenschaft und Religion befinden sich in einem dauerhaften Konflikt, und der fortschreitende Prozess der Säkularisierung ist ein Hinweis darauf, dass die Religion immer weiter zurückgedrängt wird. Eine andere Tradition in der Geschichtsschreibung beschreibt hingegen das Verhältnis als harmonisch und komplementär: Wissenschaft und Religion befassen sich mit zwei Sphären, die nichts miteinander zu tun haben. Wissenschaft befasst sich mit Tatsachen, Religion mit Werten.

Beide Traditionen sind problematisch. Zum einen gibt es in manchen Perioden Konflikt, in anderen jedoch Harmonie, aber auch Dialog, Konkurrenz oder sogar Unterwerfung. Zum anderen gehen diese Traditionen davon aus, Wissenschaft und Religion seien zeitlos gültige Kategorien. Was heute als Wissenschaft und als Religion aufgefasst wird, ist jedoch die Folge eines noch nicht abgeschlossenen historischen Prozesses, der keine vereinfachenden Verallgemeinerungen zulässt. Daher ist die Geschichtsschreibung zur detaillierten Analyse einzelner Episoden übergegangen und vermeidet Generali-

John Tyndall zieht in den Kampf gegen die katholische Kirche Irlands. Karikatur aus dem *Punch*, 1890

THE SCIENTIFIC VOLUNTEER.

"If ever I have to choose . . . . I shall, without hesitation, shoulder my rifle with the Orangeman."—*See Professor Tyndall's Reply to Sir W. V. Harcourt.* "*Times*," Feb. 13, 1890.

sierungen. Wie komplex das Wechselspiel von Wissenschaft und Religion sein kann, kann gut mit Hilfe von Thomas Henry Huxley und seinen Gegnern und Mitstreitern wie dem einflussreichen Physiker John Tyndall (1820–1893) illustriert werden.

»Ausgelöschte Theologen liegen um die Wiege jeder Wissenschaft wie die erdrosselten Schlangen um die des Herkules«, schrieb Huxley 1860, kurz nach dem Erscheinen von Darwins Werk. Dieses Zitat scheint typisch für die aggressive Haltung Huxleys gegenüber Religion und Kirche. Doch gleichzeitig gestand Huxley der Religion eine wichtige Rolle zu: Religiöse Gefühle seien tief und unabänderlich in der menschlichen Natur verwurzelt. Wissenschaft nutze jedoch den Intellekt und sei daher keine Konkurrenz für die auf Emotionen basierende Religion. Huxley war ein Vertreter des wissenschaftlichen Naturalismus. Die Vertreter dieser Denkrichtung deuteten die Natur, die Menschheit und die Gesellschaft mit den Mitteln, Methoden und Kategorien der empirischen Naturwissenschaften. Diese Denkrichtung war »naturalistisch«, weil nur empirisch beobachtbare Ursachen als Erklärungen zugelassen wurden, und sie war »wissenschaftlich«, weil sie sich auf drei wichtige Theorien berief: die Atomtheorie, die Theorie der Konservierung der Energie und die Evolutionstheorie. Der wissenschaftliche Naturalismus war für ihre Vertreter der einzige legitime Weg zur Wahrheit und daher forderten diese eine Führungsrolle in der Gesellschaft. Huxleys »Zwei-Sphären-Modell« des Verhältnisses von Wissenschaft zu Religion sollte der Wissenschaft endlich einen autonomen Bereich verschaffen, der nicht vom anglikanischen Establishment, neben anderen personifiziert von William Whewell und Adam Sedgwick, kontrolliert wurde.

Widerstand gegen Huxleys Position kam aber nicht nur von Theologen (manche Theologen unterstützten sogar Huxleys Haltung). Eine wichtige Gruppe von Wissenschaftlern kritisierte den wissenschaftlichen Naturalismus. In Glasgow, Edinburgh und Manchester wirkte eine Gruppe von Physikern, welche die Wissenschaft von der

Energie revolutionierten. Diese bedeutenden Wissenschaftler, zu denen William Thomson, Lord Kelvin (1824–1907) und James Clerk Maxwell (1831–1879) gehörten, betrachteten den wissenschaftlichen Naturalismus als Ausdruck eines antichristlichen Materialismus. Für diese Physiker war der Materialismus durch die Idee der Umkehrbarkeit aller mechanischen Vorgänge ausgezeichnet, und als Gegenreaktion versahen sie ihre alternativen Theorien mit der Doktrin einer von Gott eingesetzten Unumkehrbarkeit. Die Schöpfung war also ausgezeichnet durch einen gerichteten Energiefluss.

Lord Kelvin stellte sich in den späten sechziger Jahren des 19. Jahrhunderts offen gegen Huxley und die Darwinisten, indem er thermodynamische Argumente benutzte. Sie sollten zeigen, dass die Erde nicht älter als ein paar Millionen Jahre sein kann und dass daher der ungerichtete und zeitaufwendige Mechanismus der natürlichen Auslese nicht für die Komplexität der Natur verantwortlich sein könne. Hier standen sich nicht Gläubige und Atheisten, sondern zwei Gruppen hochkompetenter professioneller Wissenschaftler gegenüber, die verschiedene Auffassungen vom Wesen der Wissenschaft hatten. Die Vertreter des wissenschaftlichen Naturalismus wollten jedes religiöse Element aus der Wissenschaft verbannen, während die nordbritischen Physiker ihre wissenschaftliche Tätigkeit in ein größeres, religiös geprägtes Weltbild einbinden wollten.

Die Theologen bildeten ebenso wie die Wissenschaftler keine einheitliche Front. So behauptete etwa der liberale Theologe Aubrey Moore (1848–1890), Darwin habe in der Verkleidung eines Feindes das Werk eines Freundes verrichtet. Damit meinte Moore, Darwin habe die christliche Theologie vom naiven Bild eines willkürlichen Gottes befreit, dessen Wirken das eines Magiers sei. Die Auseinandersetzungen um das Wesen der Wissenschaft und die Rolle des Glaubens in den Jahren nach dem Erscheinen von Darwins *Origin of Species* sind symptomatisch für das Verhältnis von Religion und Wissenschaft seit der wissenschaftlichen Revolution im 17. Jahrhundert.

Die romantische Naturwissenschaft

Eine einflussreiche historiographische Tradition, die auf den marxistischen Historiker Robert M. Young zurückgeht, lokalisiert Charles Darwins Denken und Wirken nahezu ausschließlich innerhalb eines Umfeldes, das von der Naturtheologie, dem aufstrebenden Kapitalismus, dem Utilitarismus und der Bevölkerungstheorie von Thomas Malthus bestimmt wird. Ein großes Problem dieser Deutung ist, dass es keine Dokumente aus der Jugendzeit Darwins gibt, die zeigen, dass er auch tatsächlich die Werke dieser Denkschulen gelesen hatte. Es gibt jedoch Dokumente, die nachweisen, dass der junge Darwin völlig anderen Einflüssen ausgesetzt war: der romantischen Naturwissenschaft und Geographie in Form der Schriften von Alexander von Humboldt (1769–1859).

Während seiner Studien in Cambridge entwickelte der junge Darwin eine enthusiastische Begeisterung für Alexander von Humboldt. Es ist sicher, dass Darwin Humboldts Reisebeschreibungen las, doch wahrscheinlich hatte er auch eine französische Übersetzung der *Ansichten der Natur* zur Verfügung. Durch die Lektüre Humboldts erhielt Darwin einen Einblick in einige Aspekte der deutschen Naturphilosophie, wie sie von Friedrich Schelling in Jena und von Johann Wolfgang von Goethe in Weimar entwickelt wurde. In den *Ansichten der Natur* begegnete Darwin einem Bild, das die Natur als eine Gesamtheit und als Ausdruck einer Kooperation wechselseitig abhängiger Kräfte verstand. Humboldts ästhetische Naturgeschichte spiegelt sich in Darwins Beagle-Tagebuch, in dem er seine emotionalen Reaktionen auf Landschaften, Pflanzen und Tiere festhielt. Dieses Tagebuch und seine Sprache reflektierten die Erfahrung einer dynamischen, kreativen Natur. Die charakteristisch romantische Vorstellung von Natur als Erzeuger und Erzeugtem zeigte sich auch in seinen wissenschaftlichen Studien während der Reise. Während der Umrundung Südamerikas untersuchte Charles Darwin vor allem die

Fortpflanzungsbiologie von in Kolonien lebenden Meerestieren und -pflanzen. Noch unter dem Einfluss von Robert Grant stehend, versuchte er das Pflanzen- und Tierreich zu vereinigen. In seinen Beschreibungen dieser Organismen findet sich immer wieder das Bild einer Begegnung mit einer dynamischen Lebenswelt, die von einer gemeinsamen granulären Materie, die sogar mit rudimentärem Bewusstsein ausgestattet ist, vereinigt wird.

Darwin benutzte in seinem Tagebuch, ob es nun um winzige Lebensformen oder Landschaften geht, nie das Vokabular der Naturtheologie. Eine aktive »Natur« übernimmt dagegen die Rolle, die im Westen traditionell von Gott eingenommen wird. Nach seiner Rückkehr in ein sich im Umbruch befindendes England wurden diese Vorstellungen nicht völlig verdrängt, sondern rückten nur ein wenig in den Hintergrund. In Darwins Skizzen und Entwürfen aus den Jahren 1842, 1844 und 1856–1858 begegnet man einer Natur, die ein schöpferischer Lebensgrund ist und auch durch Auslese wirkt. Darwins Naturbegriff zeigte immer eine Affinität zum Pantheismus, welcher der Natur all die Rollen zugesteht, die ein orthodoxes Verständnis Gott zuschreibt. Darwin war ein Materialist, aber sein Materialismus zeigt eine deutliche Verwandtschaft mit dem Monismus der Naturphilosophie, wie sie auch von Alexander von Humboldt repräsentiert wurde und die eine rudimentär beseelte Materie annahm.

Politik

Darwins Theorie als Verteidigung eines rücksichtslosen Frühkapitalismus und ein im Dienste des Imperialismus und der Eugenik stehender Sozialdarwinismus – dies sind zwei Phänomene, die üblicherweise erwähnt werden, wenn die politische Rolle des Darwinismus zur Sprache kommt. In der Wissenschaftsgeschichte hat sich zum ersten Punkt, zu Darwins eigener politischer Agenda, der folgende Konsens herausgebildet: Die Theorie Darwins steht nicht in einem direkten Abstammungsverhältnis zu Theorien der politischen Ökonomie, die eine unregulierte marktwirtschaftliche Konkurrenz propagierten. Was Darwin mit politischen Ökonomen in der Tradition von Adam Smith gemeinsam hatte, war das Newton'sche Erklärungsideal, das komplexe Erscheinungen mit der Wechselwirkung vieler Einzelkörper erklärte, ob dies nun Planeten, Marktteilnehmer oder variable Organismen sind. Darwins Theorie war somit Teil einer politischen Kultur, aber nicht notwendigerweise eine Apologie dieser Ideologie.

Als Sozialdarwinismus hat Darwins Lehre deutlichere Spuren in der politischen Geschichte hinterlassen. Soziale und politische Theorien haben immer ein zugrundeliegendes »Weltbild«, das Annahmen über die Ordnung der Dinge und den Platz des Menschen in dieser Ordnung enthält. Diese Annahmen können dazu dienen, einem expliziten politischen Programm Kohärenz und Überzeugungskraft zu verleihen. Solche Weltbilder enthalten auch Annahmen über die menschliche Natur: Was sind die Motive und Grenzen menschlichen Handelns? Welche Fähigkeiten haben Menschen? Wie ist unser Verhältnis zum Rest der Natur? Der Sozialdarwinismus gründet sich auf die folgenden Annahmen: Biologische Gesetze bestimmen die gesamte organische Natur, also auch den Menschen; das Bevölkerungswachstum erzeugt einen Überlebenskampf um knappe Ressourcen; erbliche körperliche und mentale Merkmale, die einen Vorteil bei diesem Kampf bieten, breiten sich in der Population aus.

Der Sozialdarwinismus ist keine eigenständige politische oder soziale Theorie, sondern eine Ressource, die sich zur Formulierung eines politischen Programms nutzen lässt. Daher ist es wenig verwunderlich, dass sowohl die Rechte als auch die Linke den Darwinismus in Anspruch genommen haben. Viele sozialdarwinistische Denker machten den Begriff des Konflikts zum zentralen Element ihrer Thesen. Und dieser Konflikt spielte sich angeblich zwischen Rassen und Nationen ab. Einflussreiche Autoren wie Gustave Le Bon (1841–1931),

Georges Vacher de Lapouge (1854–1936) und Ludwig Gumplowicz (1838–1909) sind repräsentativ in ihrem Glauben an einen biologischen Determinismus, einen rassischen Essenzialismus und die Gruppenauslese. Im späten 19. Jahrhundert wurde die imperialistische Politik der Weltmächte oft mit dem Begriff des Rassenkonfliktes beschrieben. Der Sozialdarwinismus der oben genannten Autoren bot sich als Rechtfertigung für diese Betrachtungsweise an. Doch es mangelt an detaillierten Studien, die zeigen, dass der Sozialdarwinismus tatsächlich einen bestimmenden Einfluss auf die Kolonialpolitik und ihre Proponenten hatte.

Ein gutes Beispiel für die Flexibilität des Darwinismus bietet August Bebel (1840–1913), Mitgründer der deutschen Sozialdemokratischen Partei. Bebel war ein Vertreter des linken »Reform-Darwinismus«. Er akzeptierte, dass die menschliche Geschichte von den Gesetzen des Wachstums, der Erblichkeit und der Anpassung bestimmt wurde und ein Überlebenskampf herrsche, doch war er überzeugt davon, dass der Sozialismus diesem Kampf ein Ende bereiten könne. Die Menschheit werde in eine neue Phase eintreten, in der Ressourcenknappheit keine Rolle mehr spiele.

Bis in die sechziger Jahre erlaubte der Darwinismus noch viele verschiedene Deutungen, was die Nutznießer und Einheiten der Auslese betraf. So war es ohne weiteres möglich, von der Konkurrenz zwischen Rassen, Völkern und Gruppen zu sprechen, so als setze an diesen Einheiten die natürliche Auslese an. In den sechziger und siebziger Jahren setzte sich schließlich die Idee der Genauslese durch, das heißt Gene sind die Nutznießer des »Überlebenskampfes«. Die Annahme, dass Rassen und Völker Träger von evolutiven Anpassungen sind, die Vorteile oder Nachteile im »Kampf« zwischen solchen Einheiten bringen, hatte damit ihre wissenschaftliche Respektabilität verloren. Biologische Rechtfertigungen politischer Ideologien und offene politische Instrumentalisierungen der Biologie für macht- und gesellschaftspolitische Ziele sind nach dem Zweiten Weltkrieg ein Randphänomen geworden. Doch die Folgen der »Individualisierung« der Evolutions- und Soziobiologie, in der egoistische Gene die Hauptrolle übernommen haben, lassen sich immer noch für politische Zwecke nutzen. Eine weit verbreitete Wahrnehmung ist, dass der moderne Darwinismus eher mit einer liberal-konservativen, die Rechte des Individuums betonenden politischen Einstellung vereinbar ist. Der britische Biologe und Bestseller-Autor Matt Ridley vertritt beispielsweise die Haltung, dass die darwinistische Evolutionsbiologie die Unmöglichkeit einer sozialistischen Gesellschaftsordnung zeige. Doch manche Vertreter des linken Spektrums wollen den Darwinismus nicht vollständig der Rechten überlassen. So versuchte kürzlich der australische Philosoph Peter Singer, dessen radikale Thesen zum Tierschutz und zum Lebensrecht von Behinderten besonders umstritten sind, den Darwinismus mit marxistischen Grundvorstellungen vereinbar zu machen. Singer verabschiedet sich von der angeblich klassisch marxistischen Vorstellung, die menschliche Natur sei weitgehend durch soziale Kräfte formbar, und findet Hoffnung in evolutionären Modellen, welche die Evolution von Kooperation beschreiben. Die Aufgabe linker Politik sei es, die gesellschaftlichen Bedingungen bereit zu stellen, welche soziale Kooperation ermöglichen.

Auch in der Gegenwart hat die politische Flexibilität des Darwinismus noch nicht abgenommen.

Vererbungstheorien vor Mendel

Von Aristoteles bis zu Gregor Mendel wurden Fortpflanzung, Vererbung und Wachstum als untrennbare Teile des Lebenszyklus von Organismen angesehen. Wie wird ein neuer Organismus konstruiert? – dies war die Frage, die viele Naturforscher und Mediziner im 18. Jahrhundert interessierte. Auf irgendeine Weise mussten die Eltern den Nachwuchs »herstellen«. Die elterlichen Organismen mussten Partikel bereitstellen, welche die Struktur des elterlichen Körpers »erinnern« und den Körper des Nachwuchses konstruieren: Irgendein Material, das von den Eltern hergestellt wurde, wurde zum Bau des Nachwuchses verwendet. Das Problem der Vererbung von Merkmalen war damit Fragen der Individualentwicklung untergeordnet, denn Merkmale wurden von Generation zu Generation weitergegeben, weil bei jedem neuen Lebenszyklus die Strukturen der elterlichen Körper mehr oder weniger getreu dupliziert werden. Jedes dieser Partikel war ein Abbild eines kleinen Teils des elterlichen Körpers. Die Eltern reichen kein erbliches Material weiter, das unabhängig von seiner Verwirklichung während der Individualentwicklung Merkmale verschlüsselt in sich trägt. Eine Analogie mag hier weiterhelfen: Die frühen Theorien der Vererbung nehmen an, dass ein Kuchen repliziert wird, indem jeder Krümel ein Abbild von sich weitergibt, nicht durch eine erneute Ausführung eines unabhängig weitergereichten Rezeptes.

Auch Darwins Pangenese-Theorie stand noch ganz in dieser Tradition. Frühe Vorbilder Darwins im Hinblick auf seine Spekulationen zur Biologie der Fortpflanzung waren sein Großvater Erasmus und der Lamarckist Robert Grant in Edinburgh. Erasmus Darwin und Robert Grant betrachteten die Fortpflanzung als den Schlüssel zur Frage, wie neue Lebensformen auftauchen. Darwin gelangte schon als Student in Edinburgh zur Überzeugung, dass das Material, das einen neuen Embryo formt, von den Eltern wie Knospen abgesondert wird. Pflanzen bilden Knospen zum Zwecke des Wachstums, und mit dieser Analogie ist auch die Bildung reproduktiven Materials bei Tieren eine Folgeerscheinung des Wachstums. Bei der ungeschlechtlichen Fortpflanzung ist der Nachwuchs eine exakte Kopie des elterlichen Organismus, bei der geschlechtlichen Fortpflanzung werden die Beiträge der Eltern vermischt und bilden den Keim, aus dem der Nachwuchs sich entwickeln wird. In den vierziger Jahren begann Darwin zu argumentieren, dass jede Zelle winzige Teilchen, die

»gemmulae«, absondert, die sich dann in den Fortpflanzungsorganen ansammeln. Die Befruchtung war dann ein Vorgang, bei dem die »gemmulae« der entsprechenden Organe der Eltern sich vermischen und dabei die Merkmale des Nachwuchses festlegen. Die Vorstellungen des 18. Jahrhunderts und Darwins Spekulationen waren Theorien der »weichen« Vererbung: Ereignisse während des Wachstums und Umwelteinflüsse auf die Eltern hinterlassen Spuren im Material, das an die nächste Generation weitergegeben wird. Die Erblichkeit erworbener Eigenschaften war eine notwendige Folge dieser Theorien. Variation und Vererbung waren zwei getrennte Phänomene – Variationen entstanden durch eine Störung der Entwicklung oder des Wachstums. Ohne Störungen gab es keine Variationen.

Francis Galtons Theorie der Vererbung ist eine Zwischenstation auf dem Weg von der »weichen« zur »harten« Vererbung. Galton vermutete, dass der Prozess der Vererbung ein Weiterreichen eines hypothetischen Keimmaterials von den Eltern an ihre Nachkommen sei – Eltern produzierten nicht das Erbmaterial, sondern waren nur ein zeitweiliger Behälter. Das Keimmaterial, von Galton auch »stirp« benannt, bestand aus zahllosen Keimen. Jeder einzelne dieser Keime war für den Bau einer Körperzelle verantwortlich. Es gab jedoch weitaus mehr Keime in der befruchteten Eizelle als es Körperzellen gab, denn von jedem Keim lagen verschiedene Varianten vor. Galton nutzte eine politische Metapher zur weiteren Beschreibung des Entwicklungsvorganges: Aus all den Keimen wird eine »repräsentative Versammlung« gewählt, die dann den Organismus aufbaut. Die Mehrzahl der Keime bleibt »latent« und bildet die Brücke zur nächsten Generation. Galton erlaubte den Keimen, die den Organismus bilden, einen eingeschränkten Einfluss auf die Vererbung und konnte ein kleines Maß der Vererbung erworbener Eigenschaften zulassen. Diese physiologische Theorie der Vererbung brachte Galton in einen Erklärungsnotstand: Wie konnte mit diesem Mechanismus die Ähnlichkeit zwischen Eltern und Kindern und zwischen Geschwistern erklärt werden? Wenn jede Person aus einer kleinen repräsentativen Stichprobe der variablen Keime aufgebaut wird, dann besteht kein Grund zu glauben, bei Geschwistern werde eine Stichprobe ähnlicher Zusammensetzung ausgewählt. In den achtziger Jahren des 19. Jahrhunderts wandte sich Galton mehr und mehr von dieser Theorie ab und begann die Muster der Vererbung verstärkt mit statistischen Mitteln zu beschreiben. Er stellte 1885 das Gesetz der »ancestral heredity« vor, das den Beitrag jedes einzelnen Vorfahren zur Konstitution eines Individuums beschrieb. Jedes Elternteil gibt die Hälfte seines Keimmaterials an die folgende Generation. Die Hälfte dieses elterlichen Teiles stammt von der Generation der Großeltern und so weiter. Die Konstitution eines Individuums besteht also zur Hälfte aus Erbmaterial von den Eltern, zu einem Viertel aus Erbmaterial, das auf die Großeltern zurückgeht, und ein Achtel steuern die Urgroßeltern bei. Der Beitrag jeder Generation nimmt in einer geometrischen Reihe ab. Dies bedeutete, dass eine Kenntnis der elterlichen Merkmale nicht ausreichte, um Vorhersagen über die Merkmale von Nachwuchs zu machen. Diese Vorhersagen konnten zuverlässiger gemacht werden, wenn auch frühere Generationen berücksichtigt werden. Dieses Gesetz ermöglichte es Galton schließlich, die Ähnlichkeit zwischen Verwandten mathematisch zu erfassen. Er begründete somit die Genetik quantitativer Merkmale.

Francis Galtons Theorie ermöglichte es zum ersten Mal, die zur Evolution nötige Variation als statistisches Phänomen zu begreifen. Variation und Vererbung waren nun zwei Seiten desselben Phänomens: Vererbung sorgte für die Weitergabe von Erbfaktoren, die in der Population vorlagen und die in neuen Kombinationen neue Merkmalsausprägungen verursachen konnten. Vererbung sorgt dafür, dass Variation beibehalten wird. Irgendwelche Vorgänge, die die Individualentwicklung und das Wachstum stören und Variationen hervorrufen, sind nicht nötig. Variation ist ein Merkmal der Population und nicht Folge eines individuellen Fortpflanzungsvorganges.

Mendels Züchtungsstudien etablierten nach ihrer Wiederentdeckung endgültig die Vorstellung der »harten« Vererbung: Erbfaktoren sind unteilbare Partikel, die unverändert von einer Generation an die nächste weitergegeben werden; das Wachstum eines Organismus und seine Auseinandersetzung mit der Umwelt hinterlassen keine Spuren in den Erbfaktoren. Spontane Mutationen dieser Erbfaktoren und ihre Auslese gemäß ihrer Eignung oder »Fitness« sind für eine kumulative Evolution verantwortlich.

Genetischer Atomismus und Epistasie

Wenn ein Genetiker behauptet, es sei eine Genversion gefunden worden, die den Blutfettwert um einen bestimmten Betrag erhöht und somit ein Risikofaktor bei Herz-Kreislauf-Erkrankungen ist, dann erweist sich dieser Genetiker als ein gelehriger Schüler Ronald Fishers. Fisher entwickelte in den zwanziger und dreißiger Jahren eine Theorie der Genwirkung, die noch bis heute die Evolutionsbiologie und die medizinische Genetik dominiert. Diese Theorie ermöglicht es, einem Gen eine konstante physiologische Wirkung zuzuschreiben, die seine Rolle im Organismus und daraus folgend sein Schicksal in der Evolution beschreibt. Ein lange vernachlässigtes Konzept, die Epistasie, erlebt jedoch in den vergangenen Jahren eine Renaissance und beginnt in der Evolutionsbiologie und der medizinischen Genetik mehr und mehr Aufmerksamkeit zu finden.

Das Konzept der Epistasie besagt, dass die Wirkung von Genen fundamental von anderen Genen abhängt. Dieses Konzept lässt sich am besten an einem Beispiel erklären. Körperzellen sind diploid, das heißt jedes Chromosom ist in zweifacher Ausfertigung vertreten. Daher können an jedem Genort oder Locus eine oder zwei Genversionen vorliegen, das heißt ein Individuum kann homo- oder heterozygot sein. Angenommen zwei Genorte A und B tragen zur Körpergröße bei und diese beiden Genorte kommen in jeweils zwei

Versionen A1, A2 und B1, B2 vor. Personen mit dem Genotyp A1A1B1B1 haben eine Körpergröße, die dem Mittelwert der Population entspricht. Eine genetische Untersuchung zeigt, dass Personen mit dem Genotyp A1A1B1B2 im Durchschnitt fünf Zentimeter größer als der Durchschnitt sind und dass der Genotyp A1A2B1B1 zu einer Reduktion der durchschnittlichen Körpergröße um drei Zentimeter führt. Wie groß sind Personen mit dem Genotyp A1A2B1B2? Eine Methodik, die sich Fishers genetischen Atomismus zum Vorbild nimmt, würde behaupten, die Körpergröße solle um zwei Zentimeter nach oben vom Mittelwert abweichen. Diese Methodik nimmt an, dass Genwirkungen additiv sind – die Genversion B2 addiert fünf Zentimeter hinzu und die Genversion A2 zieht drei Zentimeter ab. Wenn jedoch Epistasie zwischen den Genorten A und B herrscht, dann können völlig andere Ergebnisse erwartet werden. Der Genotyp A1A2B1B2 könnte beispielsweise fünfzehn Zentimeter nach unten abweichen. Dies bedeutet, dass die Allele A2 und B2 nicht additiv, sondern multiplikativ wirken (-3 mal 5 = -15). Ein solch multiplikativer oder epistatischer Effekt bedeutet, dass die Wirkung eines Gens von der Identität anderer Gene abhängt. Es ist nicht möglich zu sagen, dass ein Faktor X in jeder möglichen Multiplikation einen festgelegten Beitrag zum Endergebnis macht. Wird X beispielsweise mit Null multipliziert, dann ist das Ergebnis Null, egal welchen Wert X annimmt.

Ronald Fisher behauptete nun nicht, dass solche epistatischen Wechselwirkungen nicht existieren, sondern dass sie keine wichtige Rolle in der adaptiven Evolution spielen. Fisher stellte sich den Verlauf der Evolution wie folgt vor: Angenommen, die gesamte Population hat den Genotyp M1M1N1N1. Nun taucht ein Allel M2 auf, das den Organismen einen Auslesevorteil verschafft. Nach einer Weile haben alle Individuen den Genotyp M2M2N1N1. Nun taucht ein Allel N2 auf, das den Phänotyp noch weiter verbessert und zum evolutiven Optimum führt. Auf dem Fitnessgipfel haben alle Individuen schließlich den Genotyp M2M2N2N2. Allele werden also schrittweise

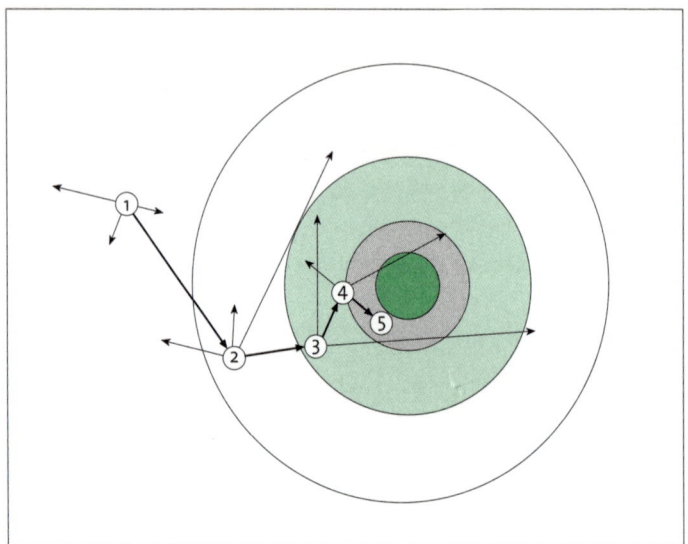

Verlauf der genetischen Evolution nach Ronald Fisher. Die konzentrischen Kreise stellen Höhenlinien eines Fitness-Berges dar. Punkt 1 ist der Ausgangspunkt einer Population. Die Pfeile stellen die Richtung und Größe zufälliger Mutationen dar. Die fett gedruckten Pfeile sind die Mutationen, die sich durchsetzen und die Population zu einem Zustand maximaler Fitness führen. Vor allem in der Nähe des Fitness-Gipfels werden Mutationen kleiner Wirkung ausgelesen.

ersetzt. Das neu aufgetauchte Allel M2 wird nur im Zusammenhang mit dem Allel N1 der natürlichen Auslese unterworfen. In der nächsten Episode wird N2 nur der Auslese im Zusammenhang mit M2 ausgesetzt. Jedes neue Allel wird also vor einem konstanten »genetischen Hintergrund«, das heißt einer bestimmten Allelzusammensetzung an allen anderen Genorten, von der natürlichen Auslese getestet. Dieser Hintergrund ändert sich ständig, aber jedes neu auftauchende Allel erfährt nur einen einzigen Hintergrund – jedes Gen ist ein unabhängiges »Atom« mit einem eindeutig zuschreibbaren physiologischen Effekt. Auf diese Art und Weise konnte Fisher die

Bedeutung epistatischer Wechselwirkungen so klein wie möglich halten. Warum wählte Fisher eine solche Beschreibung? Dies hat nichts mit der objektiven Beschaffenheit des Vererbungs- und Evolutionsprozesses zu tun. Die von Fisher gewählte Beschreibung ist von großem Nutzen für Züchtungszwecke. Bei einem Züchtungsprogramm lassen sich Individuen, Paarungen und Umweltbedingungen so auswählen und planen, dass Gene sich annähernd so verhalten wie Fishers Theorie es annimmt. Dann lässt sich beispielsweise vorhersagen, wie schnell ein Züchtungsprogramm zum Ziel führen kann. Fisher hatte jedoch nicht nur Tiere und Pflanzen im Sinn, als er seine Theorie entwarf, sondern vor allem den Menschen. Fisher wollte das englische Volk vor der genetischen Degeneration bewahren und entwarf eine Theorie, die diesem Zweck dienen konnte. Fisher entwarf also eine Theorie, die die kurzfristige genetische Antwort einer Population auf Auslese formalisierte. Seine Beschreibung der Genwirkung ist für diesen Erklärungszweck korrekt, jedoch nicht auf andere Situationen übertragbar, in der beispielsweise die Populationsstruktur nicht der eines Züchtungsprogramms entspricht.

In den vergangenen Jahren erlebt das Konzept der Epistasie eine beachtliche Renaissance innerhalb der evolutionären Genetik. Vor allem die Evolution der Sexualität und genetische Mechanismen der Artbildung gründen sich auf epistatischen Wechselwirkungen zwischen Genen. Ein zentraler Vorgang bei der sexuellen Fortpflanzung ist die Rekombination, das heißt Teile von Chromosomen werden bei der Keimzellenbildung ausgetauscht und damit neue Genkombinationen geschaffen und bestehende auseinander gebrochen. Rekombination, und damit sexuelle Fortpflanzung, kann beispielsweise vorteilhaft sein, wenn epistatisch wirkende Kombinationen von schädlichen Genversionen auseinander gebrochen werden. In der medizinischen Genetik stellt eine Betonung der Epistasie den Begriff des »schädlichen Gens« fundamental in Frage. Manche Genversionen sind nur schädlich in Kombinationen mit bestimmten anderen

Genen und harmlos oder gar nützlich unter anderen Bedingungen. Es kann daher bezweifelt werden, ob die moderne Genomik – deren Methodologie bei der Gensuche noch ganz Ronald Fishers Atomismus verhaftet ist – langfristig viele »Krankheitsgene« wird finden können, deren Effekte unabhängig von anderen Genen sind.

Soziobiologie und evolutionäre Psychologie

Die evolutionäre Deutung menschlichen Verhaltens ist seit den sechziger Jahren des 20. Jahrhunderts eines der kontroversen Themen im ohnehin gespannten Verhältnis zwischen den Human- und Naturwissenschaften. Inwieweit beispielsweise Egoismus oder Altruismus, Gruppenverhalten und Geschlechterrollen eine historisch-biologische Erklärung benötigen oder aber vor allem kulturell bestimmte Phänomene sind, sind einige der immer wiederkehrenden Streitpunkte. Doch die Evolutionsbiologie tritt in dieser Kontroverse nicht mit vollständig geschlossenen Reihen auf. Zwei ähnliche, sich aber in wichtigen Punkten unterscheidende Betrachtungsweisen bieten naturalistische Deutungen des menschlichen Verhaltens: die Soziobiologie und die evolutionäre Psychologie.

Die Soziobiologie ist eine Teildisziplin der Verhaltensökologie, welche in den sechziger Jahren des 20. Jahrhunderts als Reaktion auf Schwächen der klassischen Verhaltensforschung entstand. Die Verhaltensforschung erklärte die Ursachen von Verhaltensweisen, beispielsweise mit Instinkten oder erlernten Mustern, konnte aber nicht sagen, welche Verhaltensweisen sich in der Evolution durchsetzen können – diese Disziplin konnte erklären, aber keine Vorhersagen machen. In der Verhaltensökologie wird Verhalten hingegen gedeutet als optimale Strategie, die durch inner- und zwischenartliche Konkurrenz geformt wird. Eine Verhaltensökologin kann zum Beispiel versuchen vorherzusagen, wie viele Eier eine Blaumeise legen sollte, wenn der Vogel die Anzahl der überlebenden Nachkommen maximieren möchte, und kann diese Vorhersagen experimentell überprüfen. Die Soziobiologie ist eine Erweiterung dieser Denkweise auf das Sozialverhalten von Menschen und Tieren. Auch menschliches Verhalten, ob nun Partnerwahl, Aggression oder Gruppenverhalten, soll als eine den Fortpflanzungserfolg maximierende Anpassung, als optimale Strategie verstanden werden. Wenn beobachtetes Verhalten eine Anpassung darstellt, bedeutet dies, dass alternative Verhaltensweisen zu weniger Nachkommen führen sollten. Die Soziobiologie steht dabei vor einigen Problemen. Zum einen lässt sich der Fortpflanzungserfolg, der aus verschiedenen Verhaltensstrategien resultiert, nicht einfach messen und mit Menschen lassen sich keine Experimente durchführen. Zum anderen sind viele menschliche Verhaltensweisen nur unter größten Schwierigkeiten als Anpassungen zu deuten, so dass die Erklärungen oft wie phantasievolle Geschichten klingen. Warum gibt es Homosexualität? Warum haben Menschen ein so unstillbares Verlangen nach gesundheitsschädigenden Süßigkeiten? Warum können Menschen manche Wahrscheinlichkeitsberechnungen schnell und intuitiv lösen, andere jedoch nicht?

Die evolutionäre Psychologie bietet eine Antwort auf manche dieser Fragen. Menschliche Verhaltensweisen sind demnach Anpassungen, allerdings Anpassungen an Bedingungen vor mehr als 50 000 Jahren und nicht an die moderne Welt. Damals lebten Menschen als Jäger und Sammler in kleinen Gruppen in der Savanne. Gruppenverhalten, Geschlechterrollen, Schönheitsideale, unser Verhältnis zu Kindern und unsere Nahrungsvorlieben sollen Anpassungen an diese Umwelt sein. In vieler Hinsicht sei unser Verhalten archaisch und nicht adaptiv, da sich die Umwelt, in der wir leben, stark verändert hat, die biologische Evolution jedoch nicht Schritt halten konnte.

In einem weiteren Punkt unterscheidet sich die evolutionäre Psychologie von der Soziobiologie: Sie beschäftigt sich mit den kognitiven Mechanismen des menschlichen Verhaltens. Unser Gehirn sei ein komplexes Organ, das aus vielen spezialisierten Untereinheiten oder Modulen bestehe. So gebe es ein Sprachmodul, ein Partnerwahlmodul und ein Modul zum Aufspüren von Betrügern. Evolutionäre Psychologen rechtfertigen diese Annahme mit der folgenden Analogie: Es ist mit Sicherheit möglich, ein Werkzeug zu entwerfen, das als Messer und Schere funktioniert. Höchstwahrscheinlich wird es aber keine der beiden Funktionen optimal erfüllen können. Was tun, wenn das Werkzeug noch mehr Funktionen erfüllen soll? Die Lösung liegt in der Modularisierung, wie bei Schweizer Taschenmessern. Es handelt sich nicht um ein unhandliches Allzweck-Werkzeug, sondern ein komplexes Gebilde aus Untereinheiten, die ihre jeweilige Aufgabe nahezu optimal erfüllen können. Auch das menschliche Gehirn sei kein Allzweck-Computer, auf dem nur ein Programm läuft, das alle Probleme lösen muss, sondern spezialisierte Programme beschäftigen sich mit bestimmten nah verwandten Problemen. Und diese kognitiven Module können wie andere biologische Anpassungen studiert werden.

Viele der Annahmen der evolutionären Psychologie sind sehr umstritten. Paläoanthropologen bezweifeln, dass Menschen vor 50 000 bis 100 000 Jahren in einer stabilen und unveränderlichen Umwelt lebten, welche die kognitiven Fähigkeiten des Menschen bis heute festlegen konnte. Die radikale Form der kognitiven Modularität hat bei Kognitionswissenschaftlern nur wenige Anhänger gefunden. Ein schwerwiegendes Problem der evolutionären Psychologie ist, dass die Annahmen über die prähistorische Umwelt und über die Modularität nicht experimentell getestet werden können.

Der neue Lamarckismus

Jean-Baptiste Lamarck fasste seine Lehre des Artenwandels in zwei Gesetzen zusammen: (1) Der Gebrauch oder Nichtgebrauch von Organen führt durch die Aktivität »unwägbarer Flüssigkeiten« zu

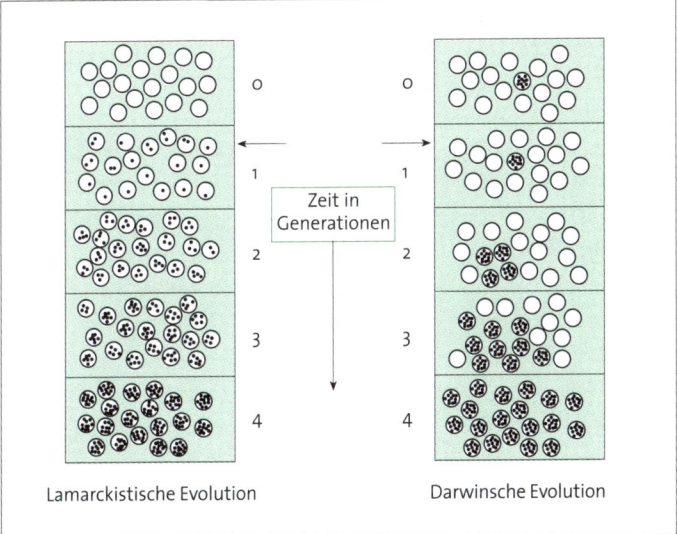

Lamarckistische Evolution   Darwinsche Evolution

Ein Vergleich lamarckistischer und darwinistischer Evolution: Individuen mit einer bestimmten vorteilhaften Anpassung werden durch gepunktete Kreise dargestellt. Die Anzahl der Punkte stellt den Grad der Anpassung dar. Im lamarckistischen Szenario erwerben alle Mitglieder der Population die Anpassung, die dann in den folgenden Generationen ausgearbeitet wird. Im darwinistischen Szenario taucht ein Individuum mit der Anpassung auf und kann überproportional zur nächsten Generation mit Nachwuchs beitragen.

strukturellen Abwandlungen – die Anpassung von Organismen an ihre Umwelt ist also eine Folge ihres Verhaltens. (2) Die durch Gebrauch und Nichtgebrauch erworbenen adaptiven Abwandlungen sind erblich. Das erste Gesetz Lamarcks und der von ihm vorgeschlagene Mechanismus wurden recht schnell ad acta gelegt. Der Lamarckismus wurde später daher nahezu gleichbedeutend mit der Idee der Vererbung erworbener Eigenschaften und wurde oft mit der Vorstellung verbunden, der evolutive Wandel sei gerichtet und nicht von zufälligen Mutationen abhängig. August Weismanns Theorie des Keimplasmas versetzte auch dieser Vorstellung endgültig den Todesstoß. Seither ist der Lamarckismus nur ein Spielplatz für Außenseiter, die niemand sonderlich ernst nimmt. So lautet eine weithin akzeptierte Version der Geschichte des Lamarckismus. Daher mag es überraschen, dass sich in den vergangenen Jahren lamarckistische Mechanismen wieder einer respektvollen Aufmerksamkeit erfreuen können. Dieser Respekt rührt daher, dass diese neuen Ideen sich nicht als Gegenposition zum Darwinismus betrachten, sondern die Fähigkeit der Vererbung erworbener Eigenschaften als Folge darwinistischer Evolution betrachten.

Die klassische neodarwinistische Theorie der »Modernen Synthese« nimmt an, dass von einer Generation zur nächsten nur das Rezept zum Bau eines Organismus in Form der DNA weitergegeben wird. Änderungen in der Ausführung des Rezeptes wirken nicht auf das Rezept zurück – dies ist die »harte« Form der Vererbung. Eine solche Rezept-Analogie kann aber in die Irre führen. Eine musikalische Analogie mag angebrachter sein, um biologische Vererbung zu illustrieren. Die Partitur entspricht dem »erblichen« Gehalt eines Musikstückes, die Interpretation dem Phänotyp. Die Partitur ist aber nicht die einzige Form, in der ein Musikstück weitergegeben werden kann. Interpretationen können durch Aufnahmen weitergereicht werden und die Rezeption des Stückes beeinflussen. Interpretationen beeinflussen nicht die Partitur, sie stellen aber ein paralleles Vererbungssystem dar. In lebenden Systemen existieren einige solche parallele Vererbungssysteme, welche die Weitergabe erworbener Eigenschaften des Phänotyps ermöglichen.

Ein erster wichtiger Punkt ist, dass August Weismanns Doktrin von der frühen Absonderung einer Keimbahn, die die einzige materielle Brücke zur nächsten Generation bildet, keine Allgemeingültigkeit beanspruchen kann. So gibt es bei Pflanzen keine Trennung zwischen Keimbahn und Soma, und Mutationen, die sich im Laufe des Lebens in Körperzellen ansammeln, können potenziell an die nächste Generation weitergegeben werden. Es ist jedoch fraglich, ob solche somatischen Mutationen einen Beitrag zum evolutiven Wandel leisten, denn es gibt Mechanismen, die betroffene Zellen entfernen, bevor sie einen Beitrag zur nächsten Generation leisten können.

Ein wichtiger Unterschied zwischen lamarckistischer und darwinistischer Evolution ist die Richtung der auftretenden Variation: In Lamarcks Theorie kommen nur Abänderungen vor, die in die Richtung besserer Anpassung weisen, während in Darwins Theorie die Variationen völlig ungerichtet sind. Die Annahmen, dass die Folgen von Mutationen ungerichtet sind, wurde zu einem der Eckpunkte der »Modernen Synthese«. In den achtziger Jahren wurden jedoch Experimente an Bakterien durchgeführt, welche diese Annahme nicht bestätigen konnten. Der Mikrobiologe J. Cairns arbeitet mit Bakterien, die wegen einer Mutation den Zucker Laktose nicht verwerten konnten. Übertrug Cairns jedoch diese Bakterien in ein laktosehaltiges Medium, tauchten schnell Individuen auf, die Laktose verarbeiten konnten. Die Bakterien erfuhren eine erhöhte Mutationsrate ausschließlich in Genen, die beim Laktose-Stoffwechsel eine Rolle spielten – neue Umweltbedingungen riefen also bestimmte genetische Änderungen hervor, die eine Anpassung an die neuen Bedingungen beschleunigten. Nach langjährigen Kontroversen ist inzwischen weitgehend anerkannt, dass zumindest bei Bakterien Mutationen in dem Sinne gerichtet sein können, dass nur bestimmte, in neuen Bedingungen relevante Gene betroffen sind.

Die vergangenen Jahre erlebten eine erhöhte Aufmerksamkeit für so genannte epigenetische Vererbungssysteme. Als epigenetisch werden all die Vorgänge bezeichnet, die beispielsweise aus einer undifferenzierten Zelle eine Leberzelle machen. Die Vorgänge beruhen auf genetischen und nichtgenetischen Faktoren. Solche epigenetischen Zustände sind offensichtlich erblich – eine Leberzelle produziert bei ihrer Teilung eine neue Leberzelle, eine Nierenzelle eine neue Nierenzelle. Ein Problem ist jedoch, ob solche epigenetischen

Zustände den Weg durch die Keimzellen überdauern können. Manche epigenetischen Zustände beruhen auf der chemischen »Etikettierung« des Chromatins. Chromatin ist der »Stoff«, aus dem Chromosomen aufgebaut sind, bestehend aus DNA und begleitenden Eiweißen. So kann zum Beispiel das Anhängen bestimmter chemischer Gruppen an die Buchstaben einer DNA-Sequenz ein Gen deaktivieren. Viele solcher Etikettierungen werden bei der Keimzellenbildung rückgängig gemacht, manche bleiben aber bestehen. Bei einer Blattlausart wird beispielsweise die Resistenz gegen ein Pestizid in der Form eines Chromatin-Etiketts vererbt.

Welche Rolle können solche epigenetischen Vererbungssysteme in der Evolution spielen? Solche parallelen Vererbungssysteme können von Vorteil sein, wenn Organismen einer zyklischen Umwelt ausgesetzt sind, in der die Dauer des Zyklus länger als die Lebenserwartung eines Individuums ist. So kann eine zyklische Umweltänderung dazu führen, dass bestimmte Gene, die benötigt oder nicht benötigt werden, ein- oder ausgeschaltet werden. Der Aktivitätszustand der Gene wird dann an die folgenden Generationen weitergegeben so lange, bis die Umwelt in eine neue Phase eintritt. Erbliche Abänderungen in der Chromatin-Struktur spielen auch eine Rolle bei der Bildung neuer Arten. Hybride zwischen divergierenden Populationen sind oft nicht lebensfähig. Dies beruht meist auf nicht miteinander vereinbaren Chromatin-Etiketten in Hybriden, die zu einer fehlerhaften Genaktivierung führen.

Die neuen Naturtheologen – »intelligent design«

Wie in kaum einem anderen westlichen Land steht in den Vereinigten Staaten die darwinistische Evolutionsbiologie im Feuer der Kritik fundamentalistischer protestantischer Gruppen. Der Sammelbegriff Kreationismus, mit dem die Vorstellungen dieser Gruppen oft bezeichnet werden, lässt jedoch der Vielfalt der Ideen dieser Gruppen keine Gerechtigkeit widerfahren. Eine Gemeinsamkeit ist, dass die gesamte Natur oder ein Teil von ihr auf einen übernatürlichen Schöpfungsakt zurückzuführen sein soll. Manche Gruppen glauben, dass dieser Schöpfungsakt tatsächlich auf sechs Tage beschränkt war, andere gestehen ein, dass jeder Tag eine geologische Epoche sein kann, die Millionen von Jahren dauerte. Viele Kreationisten gestehen ein, dass Mikroevolution geschehen kann, bezweifeln aber, dass Makroevolution ohne übernatürliche, willkürliche Eingriffe möglich ist.

Eine der neueren Spielarten einer christlich inspirierten Kritik am Darwinismus ist die Theorie des so genannten »intelligent design«. Ein zentrales Argument dieser zeitgenössischen Naturtheologen betrifft die Entstehung des Lebens während der Frühgeschichte der Erde und das Phänomen der »irreduziblen Komplexität«. Selbst einfachste Lebensformen sind auf der biochemischen Ebene ungemein komplex. Die erste Lebensform muss daher auch schon ähnlich komplex gewesen sein. Ein schrittweises Entstehen des Lebens erscheint folglich den Vertretern des »intelligent design« als unmöglich. Auf der biochemischen Ebene herrsche irreduzible Komplexität, so behauptet beispielsweise der Biochemiker Michael Behe. Eine gern genutzte Analogie für irreduzible Komplexität ist die Mausefalle. Eine solche Falle besteht aus nur wenigen Komponenten, jedoch müssen all diese Komponenten von Anfang an richtig zusammengebaut sein, um eine funktionstüchtige Falle zu bilden – eine halbe Mausefalle funktioniert gar nicht und nicht halb so gut wie eine ganze. Eine schrittweise Evolution eines solchen Mechanismus erscheint den neuen Naturtheologen daher unmöglich. Lieblingsbeispiele von Vertretern des »intelligent design« sind die biochemische Kaskade, die für die Blutgerinnung verantwortlich ist, und der Flagellen-Antrieb der Bakterien. Darwinisten erwidern auf diese Herausforderung, dass es zum einen zahlreiche Hypothesen zur Evolution solcher biochemischer Systeme gibt und zum anderen, dass die Theorie des »intelligent design« ein fehlerhaftes Verständnis von schrittweiser Evolution zeigt. Ein irreduzibel komplexes System kann auf folgende Weise Schritt für Schritt gebaut werden: Ein Teil A führt eine bestimmte Aufgabe aus, und das nicht sonderlich gut. Ein zweites Teil B entsteht, das A bei der Aufgabe hilft. Dieses neue Teil ist nicht wesentlich, aber es verbessert das Ergebnis. Später wird A aber so abgewandelt, dass B unentbehrlich wird. Dieser Vorgang kann weitergehen, mehr und mehr Teile werden hinzugefügt und schließlich unabkömmlich. Viele biologische Strukturen erlaubten früh in ihrer Evolution die Eroberung neuer Lebensräume – so erlaubte eine Fischblase, die es den Organismen ermöglichte Luftsauerstoff zu atmen, neue Lebensräume auf dem trockenen Land zu besiedeln. Später entstanden dann Anpassungen, die auf diese Grundlage bauten – ein Leben an Land führte beispielsweise dazu, dass die Gliedmaßen zum Zweck des Laufens abgewandelt wurden. Die Organismen wurden vollständig landbewohnend und Lungen waren kein Luxus mehr, sondern eine Notwendigkeit.

Ein anderer Einwand der modernen Naturtheologen gegen den modernen Darwinismus ist erkenntnistheoretischer Natur. Vertreter des »intelligent design« wie der amerikanische Jura-Professor Phillip Johnson klagen Evolutionsbiologen an, nur natürliche Ursachen als Erklärungen zuzulassen. Johnson behauptet, dass die Evolutionsbiologie keine empirische Grundlage habe, nicht »bewiesen« sei, da in der Disziplin noch viele Kontroversen ausgetragen und selbst grundlegende Annahmen immer wieder bezweifelt werden. Dies sei die Folge der Entscheidung der Wissenschaftler, übernatürliche Ursachen, beispielsweise einen gestaltenden Gott nicht zuzulassen, obwohl dies die einzige Erklärung für viele Phänomene sei. Wissenschaften vertrauten einer ausschließlich naturalistischen Philosophie, auch wenn diese immer wieder scheitere.

Johnson und andere Vertreter des »intelligent design« missverstehen in ihrer Kritik das Wesen der Wissenschaft. Wissenschaften bieten keine Listen unwiderlegbarer Wahrheiten, sondern ein System mehr oder weniger gesicherter Vermutungen, und sie vertrauen nicht auf Glauben, wo Beweise noch fehlen. Johnson ist jedoch im Recht, wenn er behauptet, die Evolutionsbiologie beruhe auf einer naturalistischen Methodologie: Die legitime Domäne der Wissenschaft ist definiert durch eine Methodologie, die nur natürliche Ursachen zulässt. Und viele Philosophen und Wissenschaftler sehen es als die Aufgabe der Wissenschaft, diese Domäne so weit wie möglich auszudehnen. Dies bedeutet aber nicht, dass jenseits dieser Domäne nichts existieren kann. Diese Haltung lässt im Prinzip eine friedliche Koexistenz von Religion und Wissenschaft zu. Doch einige Spannungsfelder lassen sich nicht umgehen. Theorien des »intelligent design« bringen das Wirken einer gestaltenden, eingreifenden Intelligenz sowie Ziele und Zwecke auf einer fundamentalen Ebene zurück in die Evolutionsbiologie. Und dieses Vertrauen auf einen Gestalter ist nicht vereinbar mit dem Materialismus und dem Naturalismus der modernen Wissenschaft. Der Versuch der »intelligent design«-Theorie, den Glauben an einen übernatürlichen Gestalter mit Erkenntnissen der Wissenschaft zu vereinbaren, hat nur bei wenigen Wissenschaftlern Aussicht auf Erfolg.

Kulturelle Evolution

Die Soziobiologie hat nicht viel Raum für kulturelle Überlieferung als ursächliche Quelle menschlichen Verhaltens. Kulturelle Muster stehen nur im Dienst der Gene, das heißt Muster, die den Interessen egoistischer Gene widersprechen, sind unmöglich – kultureller Wandel ist eine Nebenerscheinung biologischen Wandels. Auch die evolutionäre Psychologie unterscheidet sich in dieser Hinsicht nicht von der Soziobiologie.

Ein erster Versuch, die autonome Dynamik kulturellen Wandels aus quasibiologischer Sicht zu beschreiben, stammt von Richard Dawkins. In seinem Buch *Das egoistische Gen* spekuliert Dawkins über eine zweite Klasse von Replikatoren, die Meme. Meme sind Fähigkeiten oder Ideen, die beispielsweise durch Imitation von einem Individuum zum anderen weitergereicht werden und auch mutieren können. Ihr selektiver Vorteil ist die Leichtigkeit, mit der sie erlernt oder imitiert werden können. Sie erfüllen damit auf abstrakte Weise die Voraussetzungen für evolutiven Wandel. Der memetische Wandel folgt denselben Regeln wie der genetische Wandel, doch sind die beiden Prozesse völlig entkoppelt: Meme nehmen keine Rücksicht auf die Interessen der Gene. Diese Theorie hat jedoch nur wenige Anhänger gefunden. Meme sind nicht sonderlich geeignete Replikatoren für einen kumulativen Wandel. Meme sind sehr mutationsfreudig, und daher sind lang andauernde kulturelle Traditionen, die auf Memen basieren, sehr unwahrscheinlich. Mem-Mutationen sind wahrscheinlich gerichtet und nicht zufällig wie genetische Mutationen. Memetischer Wandel ist daher wohl eher lamarckistisch, von den Absichten der Mem-Träger gesteuert.

Die Theorie der Gen-Kultur-Koevolution betrachtet im Gegensatz zur Mem-Theorie, wie genetische und kulturelle Evolution wechselwirken können. Ein klassisches Beispiel dieser Theorie ist die Evolution der Laktose-Toleranz beim Menschen. Seit über 6000 Jahren spielen Milchprodukte eine wichtige Rolle bei der Ernährung des Menschen. Vor dieser Zeit waren die meisten Menschen nicht in der Lage, den energiereichen Milchzucker aufzunehmen, da die Aktivität des Laktose abbauenden Enzyms Laktase zu gering ist. Es gab jedoch eine erbliche, genetische Variabilität der Fähigkeit, Laktose abzubauen. Mit dem Beginn der Domestikation von milchproduzierenden Tieren erhielten Individuen mit einer hohen Laktase-Aktivität einen Auslesevorteil. Nach mehr als 300 Generationen ist in menschlichen Populationen ein Muster zu erkennen: Populationen, die eine ungebrochene Tradition des Genusses von Milchprodukten haben, bestehen zu mehr als 90 Prozent aus Individuen, die Laktose aufnehmen können ohne zu erkranken, während bei Populationen ohne diese

Tradition diese Zahl nur 20 Prozent beträgt. Andere Arbeiten zeigen, dass die Tradition des selektiven Tötens von weiblichem Nachwuchs einen Auslesedruck ausüben kann auf das numerische Geschlechtsverhältnis bei der Geburt. Die wichtige Schlussfolgerung aus solchen Arbeiten ist, dass kulturelle Traditionen die Auslesebedingungen für Gene ändern können und dass Gene bestimmen können, welche Traditionen und Fähigkeiten mehr oder weniger leicht erlernt werden. Modelle der Gen-Kultur-Koevolution sagen eine komplexe Dynamik genetischen und kulturellen Wandels voraus und sind schon deshalb realistischer als die Vorhersagen und Analysen der Soziobiologie, der evolutionären Psychologie und der Memetik.

Alle evolutionsbiologisch inspirierten Theorien zur Evolution der Kultur stehen jedoch einem ernsthaften Problem gegenüber, das schon Generationen von Anthropologen beschäftigt: Was ist Kultur und was sind abgrenzbare kulturelle Merkmale? Ist »Gott« eine freischwebende, abgrenzbare Idee, die unverändert kopiert und weitergegeben werden kann? Die Grenzen kultureller Merkmale zu identifizieren, ist äußerst schwierig. Ist das Mem »Gott« zu trennen von anderen religiösen Ideen, wie dem Schöpfungsgedanken oder der Idee göttlicher Gnade? Welchen Status haben traditionelle Formen der Frömmigkeit und mächtige Institutionen wie die katholische Kirche? Kulturelle Merkmale haben nur Bedeutung in einem Netzwerk von Menschen, Dingen, Praktiken, Symbolen und anderen Ideen.

Alternativen zur Genauslese

Die Theorie des egoistischen Gens geht davon aus, dass Gene die Nutznießer der Evolution sind. Im Allgemeinen verfolgen Gene gemeinsame Interessen in Koalitionen und bauen sich »Überlebensmaschinen«, das heißt Organismen. Diese Organismen sind Träger von Anpassungen, die letztendlich im Dienste der Gene stehen. Eine weit verbreitete Haltung ist, dass alles in der Biologie mit der Auslese von Genen erklärt werden kann und dass individuelle Organismen die wichtigsten »Vehikel« sind.

Es wird oft eingestanden, dass Gruppenselektion prinzipiell möglich ist, obwohl viele angebliche Gruppenanpassungen auch als Folge der individuellen Auslese von Gruppenmitgliedern verstanden werden können – es ist beispielsweise im Interesse jedes einzelnen Bibers, bei der Pflege eines gemeinsamen Dammes zusammen zu arbeiten, da Gruppen- und Individualinteresse zusammenfallen. Eine Reihe anderer Gründe sprechen gegen die Gruppenauslese. So wird ihre Wirksamkeit angezweifelt, weil individuelle Auslese schneller verläuft als Gruppenauslese: Die Schnelligkeit evolutiven Wandels hängt von der Anzahl der Generationen und der zur Verfügung stehenden Variation ab. Gruppen sind normalerweise langlebiger als Individuen, und da es notwendigerweise mehr Individuen als Gruppen gibt, beherbergen Individuen mehr Variation – aus diesen beiden Gründen »siegt« individuelle Auslese meist vor der Gruppenauslese. Ein anderes Argument gegen Gruppenauslese ist ihre Anfälligkeit gegen Betrüger: Gruppenmitglieder können von Gruppenanpassungen profitieren, beispielsweise dem Ausschauhalten einiger Gruppenmitglieder nach Räubern, aber selbst nie einen eigenen Beitrag zum Schutz der Gruppe leisten. Die Gruppenauslese findet aber nichtsdestotrotz immer wieder Verteidiger. Eine minimalistische Form der Gruppenselektion, wie sie von dem kanadischen Biologen David Sloan Wilson propagiert wird, arbeitet mit dem Begriff der »Merkmalsgruppe«. Eine Merkmalsgruppe ist eine Gruppe von Organismen, die in Hinsicht auf ein Merkmal sich gegenseitig beeinflussen. Wenn das Merkmal der Bau eines Biberdammes ist, dann besteht die Merkmalsgruppe aus denjenigen Bibern, die hinter dem gemeinsam gepflegten Damm leben. Eine Vermutung ist, dass eine Merkmalsgruppe eine Einheit der Auslese für ein Gruppenmerkmal ist. Mathematische Modelle zeigen, dass Merkmalsgruppen mögliche Nutznießer der Auslese sind, doch besteht auch die Möglichkeit, diese Form der Auslese als Individualauslese umzudeuten. Die Debatte um Merkmalsgruppen harrt noch einer Auflösung.

Andere Theorien, die weniger auf die Genselektion fixiert sind, betrachten die Evolution von Ebenen der biologischen Organisation. Organismen bestehen aus einer Hierarchie von Ebenen, deren jeweilige Komponenten kooperieren müssen, um den Fortbestand dieser Ebene und des Gesamtorganismus zu gewährleisten: Gene schließen sich zu Chromosomen und Zellen zu mehrzelligen Organismen zusammen. Die hierarchische Organisation des Lebens geht über den Einzelorganismus hinaus: Individuelle Organismen können sich zu Gruppen zusammenschließen, die in ihrer Gesamtheit eine Art bilden. Ein besonders interessantes Szenario bietet die Evolution der Vielzelligkeit. Einzellige Vorfahren mehrzelliger Organismen hatten die Fähigkeit zur Fortpflanzung durch Teilung und konnten sich mit Zellfortsätzen, so genannten Flagellen, bewegen. Eine Zelle ist aber unbeweglich, wenn sie sich fortpflanzen möchte, und kann sich nicht fortpflanzen, wenn sie sich fortbewegen will (Flagellen und die Struktur, welche das Erbmaterial bei einer Zellteilung auf die Tochterzellen verteilt, beruhen auf dem gleichen zellulären Baustein). Wenn solche Zellen sich zu einer Gruppe zusammenschließen, dann lohnt es für diesen Zellverband, spezialisierte Fortpflanzungszellen und auf Fortbewegung spezialisierte Zellen zu haben. Die beweglichen Zellen verzichten also auf ihre eigene Fortpflanzung und sind effiziente Nahrungserwerber. Die natürliche Auslese innerhalb des Zellverbandes übt auf Zellen einen Druck aus, die Bewegungsfähigkeit zu verlieren und zu Fortpflanzungszellen zu werden, während die Auslese zwischen um Nahrung konkurrierenden Zellverbänden einen Druck ausübt, die Bewegungsfähigkeit zu behalten – eine oder wenige Zellen werden gebraucht, um die Fortpflanzung des Zellverbandes zu sichern. Jede Zelle ist also zwei verschiedenen Auslesedrucken ausgesetzt, einem Individual- und einem Gruppenauslesedruck. Während der Evolution von mehrzelligen Organismen, den

Metazoen, entwickelten sich Mechanismen, diesen Konflikt zu entschärfen. So bestehen zum Beispiel alle Organismen aus den Nachfahren einer einzigen Zelle, der befruchteten Eizelle. Die Zellen eines Organismus sind somit genetisch identisch, und die Aufgabe der Fortpflanzung kann einigen wenigen spezialisierten Zellen, der Keimbahn, zugewiesen werden. Die Körperzellen verzichten also auf ihre Fortpflanzung, um dem genetischen Material in den Keimzellen in die nächste Generation zu helfen.

Eine enge Abhängigkeit herrscht auf allen Ebenen unterhalb des einzelnen Organismus: Die Kooperation der Einheiten ist absolut notwendig, um die Fortpflanzung des Gesamtorganismus zu sichern. Gene und Zellen bilden eine enge »Schicksalsgemeinschaft«, und dies erlaubt das Wirken der Gruppenauslese auf verschiedenen Ebenen. Das evolutive Schicksal von Mitgliedern einer Organismengruppe ist hingegen weit weniger abhängig vom Schicksal der gesamten Gruppe – Nachwuchs kann beispielsweise emigrieren und sich anderen Gruppen anschließen, und daher ist es wohl eher eine Ausnahmeerscheinung, wenn Auslese auf dieser Ebene ansetzt und zu Gruppenanpassungen führt. Auch bei Organismengruppen gilt jedoch die Regel, dass es potenziell einen Konflikt zwischen Individual- und Gruppenauslese geben kann. Ein Sonderfall ist die von Stephen Jay Gould vorgeschlagene Artenauslese – hier kann dieser Konflikt zwischen Teilen und dem Ganzen nicht vorkommen. Arten haben keine Eigenschaften, die dem Individuum von Nachteil sein können. Ein großes Verbreitungsgebiet ist ein Merkmal, das bei der Artenauslese möglicherweise vorteilhaft ist, jedoch keinen Nachteil für ein Individuum darstellt.

Molekulare und evolutionäre Gene

Das menschliche Genom beherbergt angeblich 30 000 bis möglicherweise 100 000 Gene. Diese Gene werden identifiziert, indem in leis-

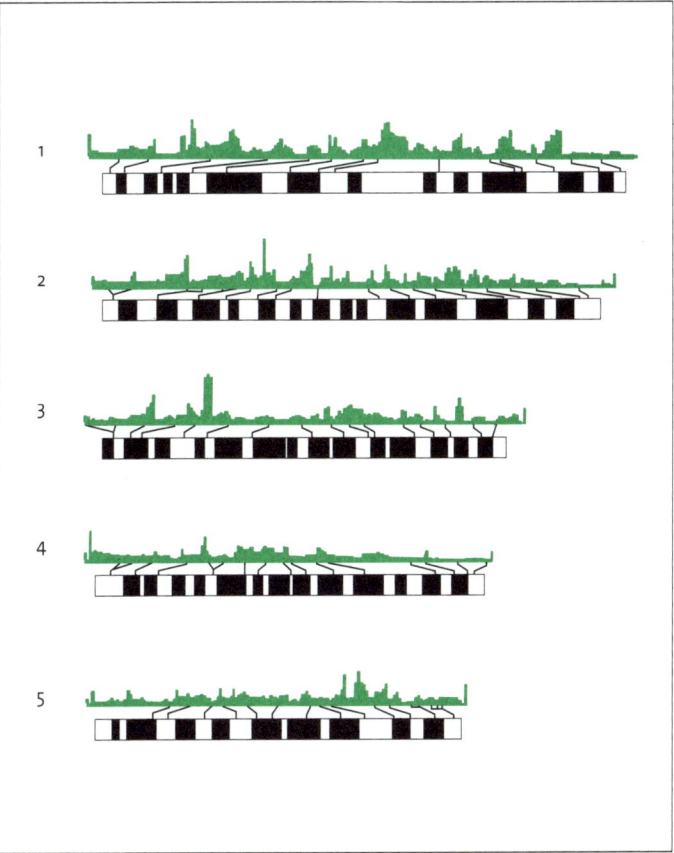

Eine EST-Karte der menschlichen Chromosomen 1–5 mit Balkendiagrammen, welche die Dichte der EST-Marker beschreiben. »Expressed sequence tags« (ESTs) entsprechen Chromosomenabschnitten, die in Boten-RNA übersetzt werden. Diese Chromosomenabschnitte sind daher meist gleichbedeutend mit Genen.

tungsfähigen Computern die 3,4 Milliarden Buchstaben des Genoms nach Abschnitten abgesucht werden, die potenziell funktionierende Eiweiße herstellen. Sind unter diesen zahlreichen, so genannten molekularen Genen auch Gene für Altruismus, Homosexualität, Risikofreude, Untreue oder Alkoholismus zu finden? Kann die moderne Genomik die egoistischen Gene der Evolutions- und Soziobiologie auffinden, deren schrittweise Häufigkeitsänderungen die »Essenz« der Evolution sind, und ihnen einen eindeutigen Platz im Genom zuweisen? Diese Frage muss vermutlich verneint werden, denn Debatten innerhalb der Biologie und der Philosophie haben in den vergangenen Jahren offenbart, dass verschiedene Disziplinen je nach ihrem Erklärungsinteresse den Genbegriff verschieden definieren – wenn ein Soziobiologe von einem »Gen für« ein evolutionär bedeutsames Merkmal spricht, hat das nicht notwendigerweise etwas mit den molekularen Genen zu tun, die nach der Vollendung des Humangenom-Projektes gezählt wurden. Es ist vielen Biologen und Philosophen fraglich geworden, ob Gene tatsächlich all die Last zu tragen vermögen, die verschiedene Disziplinen wie die Soziobiologie und die medizinische Genetik ihnen aufbürden.

Das Konzept des evolutionären Gens wurde in den sechziger und siebziger Jahren des 20. Jahrhunderts entwickelt. Richard Dawkins und George C. Williams definierten evolutionäre Gene zunächst als kurze DNA-Stücke, die nicht allzu häufig durch Crossing-overs während der Meiose auseinander gebrochen werden. Dawkins und Williams verloren kein Wort darüber, welchen Beitrag diese DNA-Stücke zum Funktionieren und zum Aufbau des Organismus leisten. Dawkins verteidigte diese Definition mit Hilfe einer Analogie: Der Trainer von Ruderern sucht sich seine Mannschaft aus, indem er alle möglichen Besetzungen gegeneinander rudern lässt. Dann werden diejenigen Ruderer in eine Mannschaft gesteckt, die in den Proberennen am häufigsten in den erfolgreichen Kombinationen waren. Dawkins schlug entsprechend vor, alle Organismen zu betrachten, in denen sich die Kopien eines bestimmten DNA-Abschnittes je befanden, und die durchschnittliche Fitness dieser Organismen als die Fitness des betreffenden DNA-Abschnittes zu nehmen. Diese Definition steht jedoch einem Problem gegenüber: Die Korrelation von DNA-Sequenz und Erfolg bedeutet nicht notwendigerweise, dass diese Sequenz die Ursache für den Erfolg ist. Die beiden Philosophen Kim Sterelny und Paul Griffiths illustrieren diese Kritik wie folgt: Angenommen Männer, die unter dem Sternzeichen des Löwen geboren wurden, sind besonders erfolgreich bei Frauen. Dann könnte dieser Erfolg mit dem durchschnittlichen »Attraktivitätskoeffizienten« von Löwen erklärt werden. Dies ist keine sonderlich befriedigende Erklärung. Entweder handelt es sich um einen Stichprobenfehler oder ein dritter Faktor ist die wahre Ursache.

Dawkins distanzierte sich später von der ursprünglichen Bestimmung des evolutionären Gens und definierte Gene als DNA-Abschnitte mit Wirkungen auf den Phänotyp. Hier öffnen sich zwei Deutungsmöglichkeiten: Gene sind entweder identisch mit molekularen Genen, die Eiweiße verschiedenster Funktion herstellen, oder sie sind »Macher von Unterschieden«. Wenn beispielsweise manche Eltern aggressiv sind und andere nicht, dann ist das Gen für Aggressivität die DNA-Sequenz, in der sich aggressive und nichtaggressive Eltern unterscheiden. Beide Deutungen stehen jedoch Problemen gegenüber. Molekulare Gene haben wohl nur selten einen konsistenten Effekt auf Verhalten, Stoffwechsel und Gestalt. Einige wenige Gene sind so zentral für das Funktionieren des Organismus, dass ihr Ausfall zum sofortigen Tod führt, aber viele andere haben kleine Wirkungen, die in einem großen Maß von anderen Genen und von Umweltbedingungen abhängen. Ob molekulare Gene genügend unabhängig von anderen Genen und der Umwelt sind, dass sie die Rolle von evolutionären Genen übernehmen können, ist fraglich. Ebenso sind Gene als »Macher von Unterschieden« nicht notwendigerweise identisch mit molekularen Genen. Ein Unterschied zwischen aggressiven und nichtaggressiven Eltern kann womöglich auf einem Stück DNA beruhen, das selbst keine Eiweiße herstellt, aber durch seine Zusammensetzung die Aktivität benachbarter molekularer Gene beeinflusst. Eine wichtige Eigenschaft von evolutionären Genen ist die Bildung von Abstammungslinien: Ein erfolgreiches evolutionäres Gen hinterlässt mehr Kopien als seine Konkurrenten, und somit sollten alle Kopien, die in einer Generation aufzufinden sind, in einem Abstammungsverhältnis stehen. Die »Aggressions-Gene« zweier aggressiver Elstern sollten auf einen gemeinsamen Vorfahren zurückgeführt werden können. Auch hier zeigt sich wieder das Problem, dass das Verhältnis von Genotyp zu Phänotyp außerordentlich komplex und wandelbar ist. Ein bestimmter Phänotyp, beispielsweise Aggressivität, kann potenziell von vielen verschiedenen Genotypen produziert werden. Wenn ein Merkmal, das der Auslese unterliegt, keine einheitliche molekulargenetische Grundlage hat, dann befindet sich die Theorie der Genauslese in ernsthaften Schwierigkeiten. Diese Betrachtungen stellen die zentrale Rolle egoistischer Gene in der Evolutionsbiologie in Frage – es könnte sehr wohl der Fall sein, dass Änderungen von Genhäufigkeiten nur Begleiterscheinungen des Erfolges von Organismen im »Überlebenskampf« sind.

Aber auch die molekularen Gene der Genomik sind ein theoretisch umstrittenes Konzept. In der Frühzeit der Genetik waren Gene »Faktoren«, die wie Perlen auf der Chromosomenkette aufgereiht waren. Diese Perlen haben mit fortschreitender Zeit immer mehr an räumlicher und funktioneller Einheit verloren. DNA-Sequenzen, welche die Aktivität von Eiweiß produzierenden Abschnitten steuern, können oft Millionen von Basenpaaren von den kodierenden Abschnitten entfernt sein. Eiweiß produzierende Abschnitte, die Exons, sind nicht kontinuierlich, sondern werden vielfach von nichtkodierenden Abschnitten, den Introns, unterbrochen. Genprodukte können von einer Vielzahl von Mechanismen modifiziert werden: Ein Gen kann also mit Hilfe anderer zellulärer Komponenten, oft nach Bedarf, mehrere verschiedene Produkte herstellen. Ein Gen ist nicht notwendigerweise eine eindeutig lokalisierbare, materielle Einheit, sondern womöglich ein mehr oder weniger flexibler Mechanismus.

Die Theorie der Entwicklungssysteme

Die moderne evolutionäre Entwicklungsbiologie betrachtet Gene als die wichtigsten Ursachen, die im Laufe der Individualentwicklung wirken. Alle anderen Ressourcen – Nährstoffe, die die Mutter in der Eizelle ablagert, ein Nest oder eine soziale Gemeinschaft, in die der Nachwuchs aufgenommen wird und in der er seine psychologische Entwicklung durchläuft – sind nur Bedingungen, die es Genen ermöglichen, ihr ursächliches Wirken zu entfalten. Im Laufe der Individualentwicklung wird ein genetisches Programm ausgeführt, und langfristiger evolutiver Wandel geschieht nur durch erbliche Änderungen dieses Programms. Änderungen in den Bedingungen haben keine Bedeutung für den Verlauf der Evolution. Die Theorie der Entwicklungssysteme bietet eine radikal alternative Deutung des Verhältnisses von Genen und anderen Faktoren in der Evolution.

Die Theorie der Entwicklungssysteme wurzelt in der Unzufriedenheit vieler vergleichender Psychologen, Entwicklungspsychologen und Verhaltensbiologen mit Begriffen und Konzepten wie »Instinkt«, »angeborene Merkmale«, »genetische Information« und »genetisches Programm«. Diese Begriffe lassen glauben, dass biologische Form und biologisches Verhalten nahezu intakt von einer Generation zur nächsten weitergegeben werden. Die komplexen Vorgänge der Entwicklung von Merkmalen können dann in den Hintergrund treten. Sehr oft werden diese Begriffe aber einfach als eine Erklärung für die Existenz von Merkmalen gebraucht – wenn ein Verhalten »angeboren« ist oder in den »Genen steckt«, dann erübrigt sich angeblich eine Erklärung, wie dieses Verhalten sich im Laufe der Individualentwicklung ausbildet. Die Theorie der Entwicklungssysteme argumentiert hingegen, dass Organismen in jeder Generation in einer Wechselwirkung verschiedener materieller Ursachen neu zusammengebaut werden müssen – und keiner dieser Faktoren kann Priorität beanspruchen. Die zusammen wirkenden materiellen Ursachen wer-

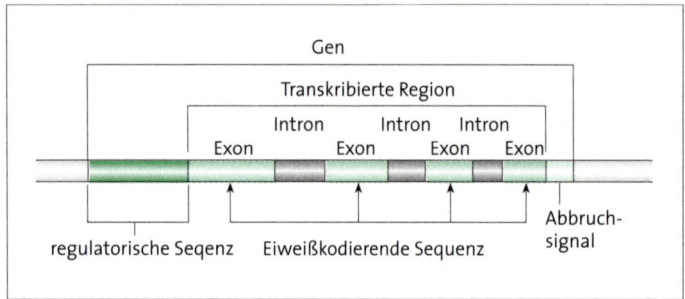

Die Struktur eines molekularen Gens mit regulatorischen Sequenzen, Exons und Introns.

den als »Entwicklungssystem« bezeichnet. So ist zum Beispiel die befruchtete Eizelle einer Taufliege nicht einfach ein unstrukturierter »Sack«, in dem Entwicklungsgene ihre Arbeit verrichten, sondern schon vor jeder Genwirkung hoch strukturiert. Der mütterliche Organismus versorgt die Eizelle mit Verbindungen, die an bestimmten Stellen in hohen Konzentrationen vorliegen und welche die Aktivität von Genen steuern. Ebenso wie Gene werden diese räumlichen Muster von chemischen Verbindungen von Generation zu Generation vererbt, das heißt sie liegen zuverlässig vor. Zellmembranen werden nicht von der DNA kodiert – sie können nur mit Hilfe schon bestehender Membranen gebildet werden. Nicht nur DNA, auch Membranen müssen von einer Generation zur nächsten vererbt werden. Viele Insekten fressen beispielsweise bevorzugt oder ausschließlich die Pflanzen, an denen ihre Mutter die Eier ablegte. Die wachsenden Insekten wurden also auf diese Pflanzen geprägt und sie selbst legen ihre Eier wieder auf Pflanzen der gleichen Art. Diese Pflanzenart ist also eine zuverlässig vorliegende Ressource in der Individualentwicklung, die wichtige Verhaltensweisen formt. Die Entwicklung eines normalen mütterlichen Pflegeverhaltens von Affen hängt bei vielen Arten davon ab, dass ein Individuum in einer bestimmten Sozialstruktur aufwächst. Dieses in den »Genen steckende«, »angeborene« Verhalten kann sich ohne soziale Interaktionen nicht ausbilden. Eine in jeder Generation zuverlässig vorliegende Sozialstruktur ist für die Entwicklung vieler Verhaltensweisen unabkömmlich.

Vertreter der Theorie der Entwicklungssysteme ziehen zwei weitreichende Schlussfolgerungen aus solchen Betrachtungen. Sie misstrauen erstens jeglichen Versuchen, die Ursachen von Merkmalen auf genetische und umweltbedingte Komponenten aufzuteilen. Nahezu jedes Merkmal benötigt die Wechselwirkung von Genen und Umweltressourcen zu seiner Verwirklichung. Aussagen der Art, ein Merkmal sei beispielsweise zu 60% genetisch bedingt, bezeugten ein Fehlverständnis der Genwirkung. Eine radikalere Schlussfolgerung behauptet, dass Variation in jeder zuverlässig zur Verfügung stehenden Entwicklungsressource eine Quelle evolutiver Neuerungen sein kann – Gene sind also nicht die einzigen Akteure auf der Bühne der Evolution. Nicht Gene, sondern Entwicklungssysteme sind Replikatoren. Macht beispielsweise ein auf eine bestimmte Nahrungspflanze geprägtes Insekt einen Fehler und legt seine Eier auf einer anderen Pflanze ab, so beginnen die Nachkommen eine neue Abstammungslinie, die auf der neuen Pflanze beruht – eine Komponente des Entwicklungssystems hat eine »Mutation« erfahren. Wenn die Insekten sich auch noch auf dieser Pflanze paaren, dann können solche Wechsel sogar zur Artenbildung führen.

Trotz dieser Einwände bleibt es dabei, dass langsame, schrittweise evolutive Abwandlung von Merkmalen wahrscheinlich meist über die Abwandlung der DNA-Zusammensetzung abläuft. Doch »erbliche« Änderungen in anderen Komponenten von Entwicklungssystemen können die Bedingungen genetischen Wandels ändern und völlig neue Wege eröffnen – eine neue Nahrungspflanze kann unter bestimmten Umständen zur Artbildung führen oder eine neue, zuverlässig auftretende Sozialstruktur kann zu neuen Anpassungen im Sozialverhalten führen.

GLOSSAR

Aktualismus – Ein methodisches Prinzip, das vorschreibt, bei der Erklärung historischer Ereignisse nur Ursachen zuzulassen, die auch in der Gegenwart beobachtbar sind. *s. S. 24, 25*

Allel – Ein möglicher Zustand eines Gens oder eines genetischen Markers; eine Genversion. *s. S. 53, 78, 95f.*

Allopatrie – Allopatrisch sind stammesgeschichtlich nah verwandte Arten mit unterschiedlichen Verbreitungsgebieten. *s. S. 33*

Analogie – Ähnlichkeit in der Funktion von Körperteilen, die keinen gemeinsamen Ursprung haben. Analoge Strukturen sind beispielsweise die Flügel eines Vogels und die eines Schmetterlings. *s. S. 12, 30*

Anpassung (Adaptation) – Ein Merkmal eines Organismus, das in der Gegenwart existiert, weil es den Vorfahren des Organismus beim Überleben und der Fortpflanzung half. Vor dem Auftauchen des Darwinismus beschrieb der Begriff die Beobachtung, dass Merkmale eines Organismus und seine Lebensbedingungen optimal aufeinander abgestimmt erscheinen. *s. S. 4, 30ff., 101*

Archetypus – Die hypothetische Stammform einer Organismengruppe, die in einer systematischen Einheit zusammengefasst ist; verdeutlicht in idealisierter Weise das Bauprinzip der jeweiligen Organismengruppe. *s. S. 8, 12, 16*

Chromosom – Träger der Erbinformation; Bauelement des Zellkerns, mit linear angeordneten Genen; nur sichtbar in der stark verkürzten

Form, die während der Zellteilung und der Keimzellenbildung auftaucht. *s. S. 49, 74, 104*

Codon – Eine Dreiergruppe von Nukleotiden, die eine Aminosäure
oder ein Stoppsignal darstellen. *s. S. 62*

Crossing-over – Gegenseitiger Austausch von genetischem Material
zwischen den beiden Partnern von Chromosomenpaaren, in der
Regel während der Meiose. *s. S. 114*

Determinismus – Vorstellung, dass alles Geschehen und alle Eigenschaften durch Naturgesetze kausal bestimmt sind. *s. S. 89*

DNA – (englisch: desoxyribonucleic acid) Desoxyribonukleinsäure.
Träger der Erbinformation in der Zelle. Besteht aus dem Zucker Desoxyribose, Phosphat und den vier Basen Adenin (A), Thymin (T), Gua-
nin (G) und Cytosin (C), die Paare bilden (A–T, C–G) und durch diese
Komplementarität einen Doppelstrang bilden können. *s. S. 60, 62f.,
114ff.*

Enzym – Kompliziert gebautes Eiweiß, das, selbst in geringer Kon-
zentration, die Geschwindigkeit einer chemischen Reaktion erhöht.
Es geht unverändert aus der Reaktion hervor, ist also ein Katalysator.
s. S. 60, 80, 108

Epistasie – Die Erscheinung, dass die Wirkung eines Gens von den
Allelen an einem oder mehreren anderen Genorten abhängt. *s. S. 55,
94ff.*

Essenzialismus – Begriff zur Beschreibung einer Lehre, die den abso-
luten Vorrang eines unabänderlichen Wesens bei der Bestimmung
der Eigenschaften einer Erscheinung behauptet. *s. S. 89*

Eugenik – Ein Sammelbegriff für Lehren, die darauf abzielen, Menschen mit der Hilfe der Genetik zu verbessern. *s. S. 44, 87*

Exon – Ein Segment eines unterbrochenen Gens, das in einen Eiweißabschnitt übersetzt wird. *s. S. 116, 118*

Fitness – In der modernen Evolutionsbiologie ein Maß für den erwarteten durchschnittlichen Fortpflanzungserfolg einer Lebensstrategie. Individuen kann streng genommen kein Fitnesswert zugesprochen werden, da sie nur Repräsentanten einer Strategie sind. *s. S. 55f., 94ff.*

Funktionalismus – Eine Denkweise, die Sachverhalte dadurch zu erklären versucht, dass sie diese in Abhängigkeitsverhältnissen zu den sie konstituierenden Bestandteilen betrachtet. *s. S. 5f., 7f., 12*

Gen – Ein molekulares Gen ist ein Abschnitt auf der DNA, der die Information zum Bau eines Eiweißes oder von RNA enthält. *s. S. 49f., 76ff., 107ff.*

Genom – Das gesamte genetische Material, die Erbsubstanz eines Organismus, die aus DNA besteht. Im Fall des Menschen umfasst das Genom etwa 3,4 Milliarden Basenpaare auf 23 Chromosomen. *s. S. 62, 112ff*

Genotyp – Erbgut, Gesamtheit der Erbanlagen eines Individuums; Gegenstück zum Phänotyp (Erscheinungsbild). *s. S. 78, 80f., 116*

Heterozygotie – Die Anwesenheit zweier verschiedener Allele desselben Gens in einem Organismus. *s. S. 94*

Homozygotie – Die Anwesenheit desselben Allels eines Gens in einem Organismus. *s. S. 94*

Homologie – Ähnlichkeit der Struktur oder Entwicklung (nicht notwendigerweise der Funktion) von Körperteilen, die auf Abstammung von einem gemeinsamen Vorfahren zurückzuführen ist. *s. S. 12*

Intron – Ein DNA-Segment, das in RNA übersetzt, transkribiert, wird, dann aber aus dem Transkript herausgeschnitten wird, indem die beiden flankierenden Exons zusammengeklebt werden. *s. S. 116, 118*

Locus – Ort eines Nukleotids in einem Genom, bestimmt durch die Sequenzierung. *s. S. 94*

Makroevolution – Evolutionärer Wandel über der Artebene, beispielsweise die Vorgänge, die zum Auftauchen der Säugetiere führten. *s. S. 69, 72, 105*

Meiose – Die beiden aufeinanderfolgenden Zellkernteilungen (1. und 2. Reifeteilung), in deren Verlauf der diploide (2n) Chromosomensatz zum haploiden (1n) reduziert wird und eine Vermischung und Verteilung der Gene erfolgt; Ergebnis der Meiose sind Spermien oder Eizellen. *s. S. 114*

Mem – Ein von Richard Dawkins eingeführter Begriff zur Bezeichnung von Einheiten der kulturellen Evolution, die durch Imitation weitergegeben werden können. *s. S. 67, 70, 108f.*

Mikroevolution – Evolutionärer Wandel innerhalb einer Art. *s. S. 69, 105*

Mimikry – Nachahmung von Verhaltens- oder Gestaltelementen einer Art durch eine andere Art, beispielsweise eine Fliege, die aussieht wie eine Wespe. *s. S. 54*

Modul – Ein Stück eines Geräts oder Programms, das als Bau- oder Funktionsgruppe einen Teil eines Ganzen bildet und geändert oder ausgetauscht werden kann, ohne dass Eingriffe im übrigen System erforderlich werden. *s. S. 100*

Monismus – Philosophische Lehre, die alle Erscheinungen auf ein einziges Prinzip, beispielsweise eine rudimentär beseelte oder unbeseelte Materie, zurückführt. *s. S. 87*

Mutation – Eine plötzlich entstehende erbliche Veränderung eines genetisch bedingten Merkmals: Veränderungen an einzelnen Genen (Genmutation), Verlust oder Neuanordnung von Chromosomenabschnitten (Chromosomenmutation), Abweichungen in der Chromosomenzahl (Genommutation). *s. S. 52ff., 101ff., 119*

Naturalismus – Eine Lehre, die die wissenschaftliche Methodologie mit der Philosophie verbindet, indem sie behauptet, alle Dinge und Vorgänge im Universum seien ausschließlich naturwissenschaftlich zu beschreiben. Daher fällt alles Wissen über das Universum in den Bereich wissenschaftlicher Forschung. *s. S. 84f., 106, 107*

Ontogenie – Die Entwicklung eines Individuums von der befruchteten Eizelle bis zum erwachsenen Organismus. *s. S. 39*

Pantheismus – Begriff zur Kennzeichnung aller philosophischen und religiösen Konzepte, in denen Natur und Welt als göttlich betrachtet werden. *s. S. 87*

Phänotyp – Äußeres Erscheinungsbild eines Organismus; entstanden aus dem Wechselspiel zwischen Erbgut (Genotyp) und seinem Innenmilieu einerseits und seiner Umwelt andererseits; Gesamtheit der sichtbaren Merkmale. *s. S. 73, 78, 80f.*

Phylogenie – Die Evolutionsgeschichte einer Art oder einer Arten-gruppe, besonders im Hinblick auf Abstammungslinien und die Beziehungen zwichen Großgruppen von Organismen. *s. S. 39*

Phylum – Stamm; Bezeichnung für die zweithöchste Kategorie der zoologischen Systematik, beispielsweise die Schwämme, Gliedertie-re (Krebse, Insekten und Spinnentiere) und Chordata (Tunicaten und Wirbeltiere). *s. S. 72*

Polygenie – Ein Merkmal wird von mehreren Genen bzw. deren Alle-len / Mutationen beeinflusst. *s. S. 54*

Quantitative Merkmale – Biologische Merkmale, die einen beliebi-gen Zahlenwert annehmen können, zum Beispiel Körpergröße und -gewicht. Im Gegensatz dazu stehen diskrete Merkmale, die in weni-ge, klar abgrenzbare Kategorien eingeteilt werden können. *s. S. 93*

Rekapitulation – Die Vorstellung, dass die Individualentwicklung ei-nes Organismus die stammesgeschichtliche Entwicklung der Art nachzeichnet. *s. S. 8, 10f., 74*

Rekombination – Bei der geschlechtlichen Fortpflanzung werden die Genkombinationen der Eltern durch interchromosomale Rekombi-nation (zufällige Verteilung der homologen Chromosomen bei der Keimzellenbildung) und intrachromosomale Rekombination (durch Crossing-over) nach Gesetzen des Zufalls auf die Nachkommen ver-teilt. *s. S. 97*

Replikator – Eine chemische oder biologische Organisationsform, die nahezu fehlerfreie Kopien von sich herzustellen und damit eine ma-terielle Brücke von einer Generation zur nächsten darstellen kann. *s. S. 64, 67, 119*

RNA – (englisch: ribonucleic acid) Ribonukleinsäure. RNA kommt in drei wichtigen Formen vor: als einsträngiges Abbild der DNA oder von Abschnitten der DNA (Boten-RNA), als Transporteur von Eiweiß-Bausteinen (Transfer-RNA) und als Baustein von Zellbestandteilen (ribosomale RNA). *s. S. 113*

Säkularisierung – Verweltlichung; jener historische Prozess, der zu einer immer größeren Autonomie gegenüber kirchlichen und religiösen Ordnungssystemen geführt hat. *s. S. 82*

Sympatrie – Sympatrisch sind stammesgeschichtlich nah verwandte Arten mit gleichem Verbreitungsgebiet oder solche, deren Verbreitungsgebiete sich überlappen. *s. S. 33*

Teleologie – Lehre von der Ziel- oder Zweckorientierung natürlicher Erscheinungen sowie menschlicher Handlungen. *s. S. 4f., 21, 49*

Uniformität – methodisches Prinzip, das vorschreibt, gegenwärtig beobachtbare Ursachen nur in der jetzigen Intensität als Erklärung historischer Ereignisse zuzulassen. Dieses Prinzip war in der Geologie gegen den Katastrophismus gerichtet. *s. S. 24, 25, 50*

Unitarier – Religiöse Bewegung innerhalb des Protestantismus, die die Trinität ablehnte und stattdessen die Einheit Gottes betonte und Jesus als moralisches Vorbild betrachtete. *s. S. 17*

Utilitarismus – Eine Lehre der Ethik, die behauptet, eine Handlung sei gerechtfertigt, wenn sie Glück oder Nutzen mehrt. Nur die Folgen einer Handlung, nicht ihre Motive werden bewertet. *s. S. 86*

Literaturhinweise

ALLGEMEINE ÜBERBLICKE UND BIOGRAPHIEN

Brömer, Rainer, Uwe Hoßfeld und Nicolaas A. Rupke (Hrsg.): Evolutionsbiologie von Darwin bis heute. Berlin 2000.

Brooke, John Hedley: Science and Religion. Some Historical Perspectives. Cambridge 1991.

Browne, Janet: Charles Darwin. Voyaging. London 1996.

Desmond, Adrian und James Moore: Darwin. München 1995.

Desmond, Adrian: The Politics of Evolution. Morphology, Medicine, and Reform in Radical London. Chicago 1989.

Depew, David J. und Bruce H. Weber: Darwinism Evolving. Systems Dynamics and the Genealogy of Natural Selection. Cambridge, MA 1995.

Gould, Stephen Jay: The Structure of Evolutionary Theory. Cambridge, MA 2002.

Jahn, Ilse (Hrsg.): Geschichte der Biologie. Jena 1998.

Manier, Edward: The Young Darwin and His Cultural Circle. Dordrecht 1978.

Raby, Peter: Alfred Russel Wallace. A Life. London 2001.

Rupke, Nicolaas A.: Richard Owen. Victorian Naturalist. New Haven 1994.

Ruse, Michael: The Darwinian Revolution. Science Red in Tooth and Claw. Chicago 1979 [1999].

Weber, Thomas P.: Darwin und die Anstifter. Die neuen Biowissenschaften. Köln 2000.

Young, Robert M.: Darwin's Metaphor. Nature's Place in Victorian Culture. Cambridge 1985.

THEORIEN VOR DARWIN

Appel, Toby: The Cuvier-Geoffroy Debate. French Biology in the Decades before Darwin. New York 1987.

Asma, Stephen T.: Following Form and Function. A Philosophical Archaeology of the Life Sciences. Evanston 1996.

Breidbach, Olaf, Hans-Joachim Fliedner und Klaus Ries (Hrsg.): Lorenz Oken. Ein politischer Naturphilosoph. Weimar 2001.

Burkhardt Jr., Richard W.: The Spirit of System: Lamarck and Evolutionary Biology. Cambridge, MA 1977 [1995].

Corsi, Pietro: The Age of Lamarck. Berkeley 1988.

Kohn, David (Hrsg.): The Darwinian Heritage. Princeton 1985.

Lenoir, Timothy: The Strategy of Life. Teleology and Mechanics in Nineteenth-Century Germany. Palo Alto 1982.

Lepenies, Wolf: Das Ende der Naturgeschichte. Wandel kultureller Selbstverständlichkeiten in den Wissenschaften des 18. und 19. Jahrhunderts. Frankfurt am Main 1978.

Secord, James A.: Victorian Sensation: The Extraordinary Publication, Reception and Secret Authorship of Vestiges of the Natural History of Creation. Chicago 2000.

DARWINS DARWINISMUS

Engels, Eve-Marie (Hrsg.): Die Rezeption von Evolutionstheorien im 19. Jahrhundert. Frankfurt am Main 1995.

Gould, Stephen Jay: Die Entdeckung der Tiefenzeit. Zeitpfeil und Zeitzyklus in der Geschichte unserer Erde. München 1994.

Kelly, Alfred: The Descent of Darwin. The Popularization of Darwinism in Germany, 1860–1914. Chapel Hill 1981.

Ospovat, Dov: The Development of Darwin's Theory. Natural History, Natural Theology, and Natural Selection, 1839–1859. Cambridge 1981.

Pancaldi, Guiliano: Darwin in Italy. Science Across Cultural Boundaries. Bloomington 1991.

Pusey, James Reeve: China and Charles Darwin. Cambridge, MA 1983.

Todes, Daniel P.: Darwin Without Malthus. The Struggle for Existence in Russian Evolutionary Thought. New York 1989.

Literaturhinweise

EVOLUTIONSBIOLOGIE

Bowler, Peter J.: Life's Splendid Drama. Evolutionary Biology and the Reconstruction of Life's Ancestry, 1860–1940. Chicago 1996.

Junker, Thomas und Eve-Marie Engels (Hrsg): Die Entstehung der Synthetischen Theorie. Beiträge zur Geschichte der Evolutionsbiologie in Deutschland 1930–1950. Berlin 1999.

Mayr, Ernst und William B. Provine (Hrsg.): The Evolutionary Synthesis. Perspectives on the Unification of Biology. Cambridge, MA 1989 [1998].

Nyhart, Lynn: Biology Takes Form. Animal Morphology and the German Universities 1800–1900. Chicago 1995.

Provine, William B.: The Origins of Theoretical Population Genetics. Chicago 1971 [2001].

Smocovitis, Vassiliki Betty: Unifying Biology. The Evolutionary Synthesis and Evolutionary Biology. Princeton 1996.

ZUKUNFT DES DARWINISMUS

Dawkins, Richard: Das egoistische Gen. Reinbek 1996.

Gehring, Walter: Wie Gene die Entwicklung steuern. Die Geschichte der Homeobox. Basel 2001.

Nesse, Randolph und George C. Williams: Warum wir krank werden. Die Antworten der Evolutionsbiologie. München 1997.

Sterelny, Kim: Dawkins vs. Gould. Survival of the Fittest. Duxford 2001.

ZU EINZELNEN FACETTEN

Aunger, Robert (Hrsg.): Darwinizing Culture: The Status of Memetics as a Science. Oxford 2000.

Behe, Michael J.: Darwin's Black Box: The Biochemical Challenge to Evolution. New York 1996.

Beurton, Peter, Raphael Falk und Hans-Jörg Rheinberger (Hrsg.): The Concept of the Gene in Development and Evolution. Cambridge 2000.

Blackmore, Susan: Die Macht der MEME. Oder die Evolution von Kultur und Geist. Heidelberg 2000.

Crook, Paul: Darwin, War and History. The Debate over the Biology of War from the ›Origin of Species‹ to the First World War. Cambridge 1994.

Hawkins, Mike: Social Darwinism in European and American Thought 1860–1945. Nature as Model and Nature as Threat. Cambridge 1997.

Jablonka, Eva und Marion J. Lamb: Epigenetic Inheritance and Evolution. The Lamarckian Perspective. Oxford 1995.

Numbers, Ronald L.: Darwinism Comes to America. Cambridge, MA 1998.

Oyama, Susan, Paul Griffiths und Russell Gray (Hrsg.): Cycles of Contingency. Developmental Systems and Evolution. Cambridge 2001.

Singer, Peter: A Darwinian Left. Politics, Evolution and Cooperation. London 1999.

Smith, John Maynard und Eörs Szathmary: Evolution. Prozesse, Mechanismen, Modelle. Heidelberg 1996.

Abbildungsnachweise: Grafiken: von Solodkoff, Neckargemünd; Karte: bitmap, Mannheim; S. 7, S. 9, S. 12, S. 13, S. 15: © Wellcome Institute Library, London; S. 74 nach: Sean B. Caroll, Jennifer K. Grenier, Scott D. Weatherbee: From DNA to Diversity, 2001, S. 21; S. 75 nach: Sean B. Caroll et al.: s. o., S. 59; S. 79 nach: Sean B. Caroll et al.: s. o., S. 59; S. 81 nach: Sean B. Caroll et al.: s. o., S. 157; S. 96 nach: B. Wolf, Edmund D. Brodie und Michael J. Wade (Hrsg.): Epistasis and the Evolutionary Process, 2000, S. 15. S. 113 nach: G. D. Schuler u. a., Science 274, S. 540–546. Da mehrere Rechteinhaber trotz aller Bemühungen nicht feststellbar oder erreichbar waren, verpflichtet sich der Verlag, nachträglich geltend gemachte rechtmäßige Ansprüche nach den üblichen Honorarsätzen zu vergüten.